Naturwissenschaftliche Elementarbücher.

1. **Chemie** von H. E. Roscoe, Mitglied der königlichen Gesellschaft in London. Deutsche Ausgabe, besorgt von F. Rose. Prof. der Chemie an der Universität Straßburg. Mit 36 Abbild. und einem Anhang von Fragen u. Aufgaben. **7.** Auflage. Gebunden . . . . 80 Pfg.
2. **Physik** von Balfour Stewart, Professor der Physik in Manchester. Deutsche Ausgabe, besorgt von E. Warburg, Professor der Physik an der Universität Berlin. Mit 48 Abbildungen und einem Anhang von Fragen und Aufgaben. **5.** verbesserte Auflage. Gebunden . . . . . . 80 Pfg.
3. **Astronomie** von Norman Lockyer, Mitglied der königlichen Gesellschaft in London. Deutsche Ausgabe, besorgt von A. Winnecke. Durchgesehen von E. Becker, Professor und Direktor der Kais. Univ.-Sternwarte zu Straßburg. Mit 47 Abbildungen. **6.** Auflage. Gebunden . . . 80 Pfg.
4. **Physikalische Geographie** von A. Geikie, Prof. der Geologie an der Universität Edinburgh. Deutsche Ausgabe, besorgt von Oskar Schmidt, weiland Prof. an der Universität Straßburg. Nach der neuesten englischen Ausgabe bearbeitet von Georg Gerland, Prof. d. Geographie an der Universität Straßburg. **5.** Auflage. Mit 21 Abbild. und einem Anhang von Fragen und Aufgaben. Gebunden . . . . 80 Pfg.
5. **Geologie** von A. Geikie. Deutsche Ausgabe, besorgt von Oskar Schmidt. Mit 47 Abbildungen und einem Anhang von Fragen und Aufgaben. **5.** verbesserte Auflage. Geb. 80 Pfg.

6\. 7. **Tierkunde** von A. Goette, Prof. d. Zoologie an der Universität Straßburg. Mit 65 Abbild. **2.** durchgesehene Auflage. Gebunden M. 1.60.

8. **Botanik** von H. A. de Bary, weiland Prof. an der Universität Straßburg. Neu herausgegeben von H. Graf zu Solms-Laubach, Prof. an der Universität Straßburg. Mit 43 Abbild. **5.** unveränderte Auflage. Gebunden . . . . 80 Pfg.
9. **Mineralogie** von Karl F. Peters, Prof. der Mineralogie und Geologie an der Universität Graz. Mit 46 Abbild. Durchgesehen von H. Bücking, Prof. der Mineralogie an der Universität Straßburg. **4.** verbesserte Auflage. Geb. 80 Pfg.
10. **Physiologie** von M. Foster, Professor an der Universität Cambridge. Deutsche Ausgabe von J. Rich. Ewald, Professor an der Universität Straßburg. Mit 19 Abbildungen. **3.** neu durchgesehene Auflage. Gebunden . 80 Pfg.
11. **Allgemeine Einführung in die Naturwissenschaften** von T. H. Huxley. Deutsche Ausgabe von Oskar Schmidt. **3.** verbesserte Auflage, durchgesehen von Paul Hensel, a.-o. Prof. an der Univ. Straßburg. Gebunden . 80 Pfg.

Naturwissenschaftliche Elementarbücher.

Chemie

von

H. E. Roscoe,

Mitglied der königlichen Gesellschaft in London.

Deutsche Ausgabe

besorgt von

F. Rose,

Professor der Chemie an der Universität Straßburg.

Mit Abbildungen und einem Anhang von Fragen und Aufgaben.

Siebente Auflage.

Straßburg.

Verlag von Karl J. Trübner.

1903.

M. DuMont-Schauberg, Straßburg.

Vorwort.

Die Verfasser der Elementarbücher der Chemie und Physik haben beabsichtigt, die Grundsätze ihrer Wissenschaften in einer für Schüler geringen Alters geeigneten Weise darzustellen. Sie glauben, daß hierbei das Streben nicht so sehr darauf hinausgehen muß, zu belehren, als zu versuchen, den Verstand auf einem bisher nicht gebräuchlichen Wege zu schulen; nämlich dadurch, daß er in unmittelbare Berührung mit der Natur selbst gebracht wird. Zu diesem Zwecke wurde eine Reihenfolge einfacher Versuche ausgewählt, die bis zu den Hauptwahrheiten beider Wissenschaften hinaufleitet. Diese Versuche müssen vom Lehrer der Reihe nach vor der Klasse ausgeführt werden. Dadurch wird das Beobachtungsvermögen der Schüler erweckt und geschärft werden, während der Belauf und die Richtigkeit der gewonnenen Kenntnisse durch eine Anzahl systematisch auf einander folgender Fragen ermittelt und vermehrt werden muß.

Seit der ersten Veröffentlichung dieser Elementarbücher hat sich ihr Gebrauch in den Schulen Englands und seiner Kolonien weit verbreitet; ein Beweis, daß die gewählte Behandlungsweise einem anerkannten Bedürfnisse entgegen kommt.

Die Einführung des Unterrichts in den Anfangsgründen der Naturwissenschaften ist jetzt in den Elementarschulen aller Länder zur Notwendigkeit geworden. Möge die Übertragung dieser kleinen Elementarbücher ins Deutsche zur Verbreitung naturwissenschaftlicher Bildung in dem weiten Gebiete der deutschen Sprache beitragen; diesen innigen Wunsch hegen die Verfasser.

Im Mai 1876.

H. E. Roscoe.
Balfour Stewart.

Vorwort zur deutschen Ausgabe.

Die günstige Aufnahme, welche Roscoes Lehrbuch der Chemie, sowie seine Spektral-Analyse in Deutschland gefunden hat, läßt erwarten, daß sich auch sein Elementarbuch der Chemie leicht Eingang bei uns verschaffen wird. Mit Vergnügen habe ich daher die Bearbeitung der Übersetzung unternommen, zumal mir, trotz der Reichhaltigkeit des deutschen Büchermarktes, bis jetzt kein für den ersten Unterricht in der Chemie bestimmtes Buch bekannt wurde, das in ähnlicher Weise durch faßliche Behandlung, passende Auswahl des Stoffes und vor allem durch die seither so sehr vernachlässigte Anleitung zum Beobachten ausgezeichnet wäre. Auf letztere muß aber das größte Gewicht gelegt werden, da sich bei mangelnder Anschauung niemals ein klares Verständnis für Vorgänge in der Natur erzielen läßt. Es ist deshalb dringend davon abzuraten, das Elementarbuch dem Schüler zur Unterhaltung in Mußestunden oder zum Auswendiglernen einzelner Abschnitte zu übergeben. Die Kosten der ersten Anschaffung des nötigen

Apparates dürfen nicht den Vorwand für die Weglassung der Versuche bieten, da für weniger als hundert Mark ein für viele Jahre ausreichender Vorrat erworben werden kann.

Straßburg, im September 1877.

F. Rose.

Inhaltsverzeichnis.

Erde.

Chemie.

Feuer — Luft — Wasser — Erde.

1. Was lehrt uns die Wissenschaft über diese vier Dinge?

Feuer, Luft, Wasser und Erde sind uns allen wohl bekannt, da wir ihnen täglich in der Natur, d. h. in der sichtbaren Welt, die uns umgibt, begegnen. Aber unsere Bekanntschaft mit diesen Dingen ist nicht ausreichend, um eine Menge von Fragen zu beantworten, die durch die Betrachtung derselben hervorgerufen werden. Was geht z. B. vor, wenn das Feuer brennt? Auf welche Weise bewirkt die Luft das Brennen des Feuers oder wie unterhält sie das Wachstum der Pflanzen? Woraus ist das Wasser zusammengesetzt? Welche verschiedenen Stoffe können aus der Erde gewonnen werde ? Sorgfältige Beobachtung der Naturgegenstände und Erscheinungen wird für sich allein nicht im stande sein, die gewünschten Aufschlüsse zu geben. Wir werden Versuche, die man auch Experimente nennt, anstellen müssen, um weitere Kenntnisse über das zu erlangen, was um uns herum vorgeht. Damit betreten wir aber das Gebiet der Chemie, der Wissenschaft, die alle diese Fragen zu lösen hat.

Von der Erde, auf welcher wir uns befinden, wissen wir bereits, daß sie ein fester Körper ist. Das Wasser, welches auf der Erdoberfläche fließt, ist ein flüssiger, und die Luft, welche die Erde umgibt, ein gasförmiger Körper. Auch sind uns einige andere allgemeine Eigenschaften dieser Dinge bekannt. Wir werden nun neues über dieselben zu lernen haben und zwar, woraus sie bestehen und wie ihre Bestandteile erhalten werden können. Ehe wir aber in die Chemie der Luft, des Wassers und der Erde eindringen, wollen wir die Betrachtung der Feuers vorausgehen lassen, da wir von diesem noch am wenigsten wissen.

Feuer. § I.

2. Was geht vor, wenn ein Licht oder eine Wachskerze brennt?

Das Wachs sowohl, als auch der Docht einer Wachskerze verschwindet beim Brennen derselben nach und nach, und zuletzt ist nichts mehr vorhanden; Docht und Wachs — beide sind fort. Was ist aus dem Wachs geworden? Es ist verschwunden. Ist es verloren gegangen? Für unsere Augen ja; denn wir sehen es nicht mehr. Aber auch ein Schiff, das vom Lande absegelt, wird für unser Auge unsichtbar, und dennoch wissen wir, daß es sich noch irgendwo auf dem Meere befindet. Auch ein Stück Zucker, das wir in eine Tasse heißen Kaffee werfen, scheint zu verschwinden; allein wir wissen, daß der Zucker in Wirklichkeit nicht verschwindet, da er ja den Kaffee süß macht. Wir müssen daher suchen, auf andere Weise, als durch unsere Augen allein, über das Verbleiben der Kerze etwas zu erfahren. Wir müssen an die Natur unsere Frage richten, und wir werden finden, daß eine solche Frage, falls sie nur richtig gestellt ist, stets eine klare, genaue Beantwortung erfährt. Wir müssen einen *Versuch* anstellen, und wenn dieser richtig ausgeführt wird, werden wir am Ende immer die gewünschte Aufklärung erhalten.

Versuch 1. — Wir bringen eine brennende Kerze in eine reine Glasflasche mit engem Halse. Nachdem sie wenige Minuten gebrannt hat, sehen wir, daß die Flamme kleiner und kleiner wird und nach kurzer Zeit ganz erlischt. Dies ist das erste, was wir uns zu merken haben. Ferner aber müssen wir untersuchen, *warum* das Licht ausgeht. Zu diesem Zwecke wollen wir prüfen, ob die Luft in der Flasche noch dieselbe ist wie vorher, ehe das Licht darin brannte. Wir tun dies auf folgende Weise: In eine Flasche, die mit gewöhnlicher Luft gefüllt ist, in der kein Licht gebrannt hat, und in die Flasche, in welcher unser Licht erloschen ist, gießen wir ein wenig klares *Kalkwasser*[1]. Der Unterschied tritt sofort zu Tage. In der ersten Flasche bleibt das Kalkwasser klar, in der zweiten wird es sogleich trübe. Hieraus ersehen wir, daß die Luft durch das Brennen des Lichtes in irgend einer Weise verändert worden ist. Über die Art der Veränderung

Abb. 1.

1. Dies wird erhalten, indem man ein Stück frisch gebrannten Kalk mit Wasser übergießt, umschüttelt und dann stehen läßt, bis das Wasser wieder klar geworden ist.

aber muß uns die Trübung des Kalkwassers Aufschluß geben. Diese wird durch nichts anderes als durch Kreide hervorgerufen, und Kreide besteht aus gebranntem Kalk und Kohlensäure. Kohlensäure ist, wie gewöhnliche Luft, ein farbloses, durchsichtiges Gas, das wir nicht sehen, das aber, wie wir gefunden haben, Kalkwasser trübt und ein brennendes Licht auslöscht. Ein Teil des Wachses ist also durch das Verbrennen in Kohlensäuregas verwandelt worden, d. h. der Kohlenstoff oder die Kohle des verbrannten Wachses findet sich in dem unsichtbaren Gase wieder. Diese Kohle können wir wahrnehmen, wenn sie unverbrannt als Rauch oder Ruß fortgeht; und wenn wir schnell ein Blatt weißes Papier von oben herab so in die Flamme bringen, daß es nicht anbrennt, bemerken wir, daß sich ein schwarzer Ring von Ruß oder Kohle darauf absetzt.

3. Außer Kohlensäuregas wird beim Brennen eines Lichtes noch ein anderer Körper gebildet, nämlich Wasser.

Es mag vielleicht seltsam erscheinen, daß in der heißen Flamme Wasser sich bilden soll; indessen wird ein einfacher Versuch zeigen, daß dies wirklich der Fall ist. Wasser kann aus der Flamme nur in Form heißen Dampfes entweichen, welchen wir nicht sehen können. Das, was aus einem Kochkessel entweicht und von uns gewöhnlich Dampf genannt wird, ist nämlich kein Dampf, sondern eine Menge sehr kleiner Wassertropfen. Hätten wir einen gläsernen Kessel, bei dem wir das Innere beobachten könnten, so würden wir über dem siedenden Wasser nichts bemerken, weil der Dampf, wie das Kohlensäuregas und die gewöhnliche Luft, ein unsichtbares Gas ist. Wie nun der aus dem Kessel entweichende Dampf kleine Tropfen bildet, wenn er sich abkühlt, so muß auch die von der brenne den Kerze herrührende heiße Luft den Dampf in Form klein'er Wassertropfen absetzen, wenn sie abgekühlt wird.

Versuch 2. — Das einzige, was wir zu tun nötig haben, um die von einem bren enden Lichte ausgehenden Wasserdämpfe sichtbar zu machen, ist, daß wir ein kaltes, trockenes durchsichtiges Trinkglas wie einen Schirm über die Flamme unserer Kerze halten. Wir sehen, daß das helle glänzende Glas sofort anläuft, und wenn wir recht genau zusehen, werden wir finden, daß sich die Innenseite des Glases mit lauter kleinen Wassertröpfchen bedeckt. Würden wir das Experiment genügend lange fortsetzen, und würden wir dabei so verfahren, daß das Glas immer kalt bliebe, so könnten wir ein ganzes Weinglas voll Wasser durch Verbrennen einer Kerze erhalten, und das gewonnene Wasser würde allem anderen reinen und guten Wasser gleich sein, nur vielleicht ein wenig nach Rauch schmecken.

Abb. 2.

Wir wollen nun nochmals das, was wir an unserer brennenden Kerze beobachtet haben, kurz zusammenfassen, da es von großer Wichtigkeit ist, daß wir klare Vorstellungen sowohl von dem bekommen, was wir durch unsere Experimente erfahren wollten, wie auch von dem, was wir durch dieselben gelernt haben.

Wir wollten wissen, was vorgeht, wenn ein Licht brennt. Wir haben gelernt:

1) daß das Licht bald erlischt, wenn es in einer Flasche, die mit Luft gefüllt ist, brennt;
2) daß sich in der Flasche darauf ein farbloses, unsichtbares Gas, welches **Kohlensäuregas** genannt wird, vorfindet;
3) daß das Kohlensäuregas von dem im Wachs enthaltenen Kohlenstoff oder Ruß herrührt;
4) daß auch Wasser gebildet wird, wenn ein Licht brennt.

Wir haben also gelernt, daß das Wachs der Kerze **nicht vernichtet** worden oder verloren gegangen ist, sondern daß es nur seine **Beschaffenheit gewechselt** hat und in Kohlensäure und Wasser verwandelt worden ist. Diese Art einer vollständigen Verwandlung nennt man eine **chemische Umwandlung**. Niemand hätte vorher sagen können, daß das Wachs sich in zwei ganz verschiedene Körper umwandeln würde; nur dadurch, daß wir Versuche mit Sorgfalt anstellen, können wir erfahren, was in solchen Fällen vor sich geht. Die Chemie wird daher eine auf Versuchen beruhende oder **Experimental-Wissenschaft** genannt.

Feuer. § II.

4. Beim Brennen eines Lichtes geht nichts verloren.

Unser Experiment mit der Wachskerze gibt uns sogleich eine Antwort auf die Frage: Wo kommt alle Kohle in dem gewöhnlichen Ofenfeuer hin? Sie steigt in dem Schornstein als Kohlensäuregas in die Höhe.

Wir schütten den ganzen Tag über Kohlen in den Ofen und am nächsten Morgen finden wir nur ein kleines Häufchen Asche vor — die Kohle ist verbrannt. Allein dies ist noch keine genügende Antwort. Wir müssen zunächst herauszufinden suchen, was mit dem Kohlenstoff des Wachses, der Steinkohle, des Holzes vorgeht, wenn er verbrennt und durch den Schornstein als Kohlensäuregas entweicht.

Versuch 3. — Zu diesem Zwecke stellen wir einen anderen Versuch an. Wir nehmen ein weites Glasrohr (ein gewöhnlicher, mit einer Verengung oder Einschnürung versehener Lampenzylinder ist sehr geeignet), und verschließen es unten mit einem Korke, durch den einige Löcher gebohrt sind. In das eine dieser Löcher stecken wir ein Stück unserer Wachskerze. Den obere Teil des Rohres füllen wir mit Stücken eines weißen, Ätznatron genannten Körpers, die so groß sind, daß sie nicht durch die Einschnürung hindurch fallen. Wir hängen dann das Rohr mit der Wachskerze und dem Ätznatron auf die eine Seite einer

Abb. 3.

gewöhnlichen Apothekerwage und legen auf der anderen Seite so viel Gewichte auf, daß das Rohr vollständig im Gleichgewicht gehalten wird. Darauf nehmen wir es von der Wage ab und hängen es so an den Ring eines eisernen Halters, wie die Abbildung zeigt. Da durch die Löcher des Korkes Luft in das Rohr tritt, so kann die Kerze darin brennen. Wir zünden diese nun an, bringen sie samt dem Korke schnell wieder an ihren alten Platz in das Rohr und lassen sie einige Minuten brennen. Dann blasen wir die Flamme aus und hängen das Rohr wieder auf die Wage. Sehen wir diese jetzt an, so erkennen wir, daß sie sich nicht mehr im Gleichgewicht befindet, sondern daß seltsamer Weise das Rohr, in dem das Licht brannte, schwerer geworden ist, als es vor dem Anzünden der Kerze war, obgleich ein Stück von dieser verschwunden ist. Diese Tatsache wurde durch unser Experiment festgestellt; wir müssen nun versuchen, uns Aufklärung darüber zu verschaffen, wie es kommt, daß die Kerze jetzt, nachdem sie verbrannt ist, mehr wiegt als vorher. Wir hatten beim Beginn des Versuches in unserem Rohr Stücke von Ätznatron oberhalb der Kerze angebracht, um die beiden unsichtbaren Gase — Kohlensäure und Wasserdampf — die, wie wir jetzt wissen, immer beim Brennen eines Lichtes gebildet werden, nicht aus der Röhre entweichen zu lassen, sondern durch das Ätznatron zurückzuhalten, gerade so wie ein Fisch durch ein Netz gefangen und festgehalten wird. Nachdem wir beide Gase auf diese Weise aufgefangen haben, bemerken wir, daß sie mehr wiegen als jener Teil der ursprünglichen Kerze, welcher verbrannt ist. Wie sollen wir uns dies erklären? Nun, allein dadurch, daß wir annehmen, es habe sich ein schwerer Körper mit den Bestandteilen des Wachses vereinigt und verbunden, und so die Entstehung der beiden betreffenden Gase verursacht. Diese Annahme erweist sich als richtig, und jener schwere Körper ist ein anderes farbloses Gas, das sich in der gewöhnlichen Luft vorfindet, und Sauerstoffgas genannt wird. Damit erhalten wir ein klareres Verständnis für die Vorgänge, welche beim Brennen eines Lichtes stattfinden. Die Bestandteile des Wachses (der Steinkohle oder des Holzes) verbinden sich beim Verbrennen chemisch mit dem Sauerstoff der Luft. Die Kohlensäure und der Wasserdampf sind die Erzeugnisse dieser chemischen Verbindung. Diese Gase wiegen mehr als das Wachs (die Steinkohle, das Holz), welches verbrannt ist, weil sie außerdem noch einen andern Körper, nämlich Sauerstoff enthalten, den sie aus der Luft aufgenommen haben. Hätten wir die Luft vorher gewogen, so würden wir gefunden haben, daß sie genau so viel an Gewicht verloren, als das verbrannte Wachs (die Steinkohle oder das Holz) gewonnen hat, nämlich so viel, als der Sauerstoff wiegt.

5. Was haben wir aus dem Vorhergehenden gelernt?

Wir haben jetzt zweierlei, u d zwar höchst wichtiges, durch das Brennen eines Lichtes gelernt: 1) daß in Wirklichkeit nichts verschwindet oder verloren geht; 2) daß die Bestandteile der Kerze sich chemisch mit dem Sauerstoff der Luft verbinden.

Durch die Ausführung der obigen drei einfachen Experimente und die Ermittelung dessen, was sie uns lehren, haben wir mehr über das Feuer erfahren, als allen Völkern des Altertums bekannt war. Wir verstehen daher jetzt den Nutzen der Experimente. Wenn wir zur Physik (Abschnitt 48 und 75) kommen, werden wir auch Kenntnis von dem Wesen der Wärme erhalten.

Indessen können wir hier noch einen Schritt weiter gehen und den allgemein gültigen Satz aufstellen, der sich bei allen in diesem Buche angegebenen Experime ten sowohl, wie auch bei irgend wie sonst ausgeführten, bewahrheiten wird, daß kein Körper jemals wirklich verloren geht. Wir können weder einen einmal vorhandenen Körper wirklich vernichten, d. h. ganz aus der Welt schaffen, noch können wir einen Körper erschaffen. Eine andere Tatsache, die wir ebenfalls mit Hilfe der brennenden Kerze erfahren haben, und die auch aus anderen Versuchen mit Gewißheit hervorgeht, ist die, daß sich da, wo eine chemische Vereinigung stattfindet, immer Wärme entwickelt, und daß wir, wenn diese Vereinigung rasch vor sich geht, eine Flamme oder Feuer sehen.

6. Wenn eine chemische Vereinigung stattfindet, entwickelt sich Wärme.

Wir wollen, um dies zu beweisen, zwei Versuche anstellen.

Versuch 4. — Wir nehmen ein Stück gebrannten Kalk, legen es auf ein Blech und gießen etwas kaltes Wasser darauf. Wir bemerken bald, daß Wasser und Kalk anfangen heiß zu werden, und daß das Wasser auf dem heißen Kalke zischt, bis es schließlich ins Kochen gerät, wobei Wolken von Wasserdampf ausgestoßen werden. Der Kalk bleibt auf dem Blech in Form eines trockenen, weißen Pulvers zurück, das wir gelöschten Kalk nennen. Wir haben das ausgeführt, was die Maurer jeden Tag tun, um ihren Mörtel zu bereiten; wir haben den Kalk gelöscht. Woher kommt es nun, daß alle diese Wärme und dieser Dampf entsteht? Es kommt daher, daß das Wasser und der gebrannte Kalk

Abb. 4.

sich chemisch mit einander verbinden; das Erzeugnis dieser chemischen Verbindung ist gelöschter Kalk.

Versuch 5. — Auf den Boden eines Kochfläschchens bringen wir eine kleine Menge gelber Schwefel-

Abb. 5.

blumen und darüber einige blanke Kupferdreh- späne. Wir setzen nun das Fläschchen auf ein eisernes Gestell und erhitzen es über einer Gasflamme, bis der Schwefel ins Kochen kommt. Damit der Schwefel nicht auf den Tisch läuft, wenn das Fläschchen etwa zerspringt, bringen wir vorher Gestell und Lampe auf einen gewöhnlichen Teller. Beobachten wir nun, was geschieht. Zunächst schmilzt der Schwefel; seine Farbe wird immer dunkler und schließlich siedet er. Der siedende Schwefel berührt nun die Kupferdrehspäne, und wir können die Flamme entferne , wenn wir sehen, daß die Drehspäne rotglühend werden, dann ein glänzend braunrotes Licht ausstrahlen, schließlich schmelzen und in Tropfen auf den Boden der Flasche niederfallen. Wenn das Fläschchen kalt geworden ist, zerbrechen wir es und finden nun, daß es weder blankes Kupfer noch gelben Schwefel enthält, sondern daß auf dem Boden eine schwarze Masse liegt. Was ist dieser neue Körper? Er ist eine chemische Verbindung von zwei verschiedenen Dingen, von Kupfer und Schwefel. Das Kupfer hat sich chemisch mit dem Schwefel vereinigt und bei der Vereinigung hat sich Wärme entwickelt, d. h. das Kupfer fing Feuer und verbrannte.

7. Was haben wir aus dem Vorhergehenden gelernt?

Wir haben gelernt, daß da, wo Feuer sich zeigt, eine chemische Vereinigung vor sich geht, sei es nun bei einer brennenden Kerze, einer glühenden Steinkohle, einem glimmenden Heuhaufen oder einem lichterloh brennenden Hause. In allen diesen Fällen können wir denselben Vorgang wahrnehmen, nämlich eine chemische Vereinigung der Bestandteile des brennenden Körpers mit dem Sauerstoff der Luft. Dadurch gelangen wir vom Feuer zur Luft.

Luft. § III.

8. Von der Luft.

Wie können wir wissen, daß in unserem Zimmer sich zwischen uns noch irgend etwas befindet und daß hier oder im Freien Luft vorhanden ist?

Wenn wir Hand und Arm rasch im Kreise herumbewegen, so fühlen wir, daß ein Luftzug zwischen unseren Fingern hindurchgeht; wenn wir uns anfächeln, so spüren wir, daß die Luft über unser Gesicht hinwegstreicht. Im Freien bemerken wir, daß der Wind weht; wir sehen, daß die Bäume oder die Wolken durch den Wind bewegt werden. Der Wind ist aber nichts weiter als in Bewegung versetzte Luft. Wer bewirkt es, daß die Flügel einer Windmühle sich im Kreise herumdrehen? Wir sagen, es ist der Wind. Nun, dann ist der Sturm, welcher manchmal so heftig bläst, daß er Bäume entwurzelt und Schiffe scheitern macht, auch nur bewegte Luft. Wie können wir aber nun erkennen, daß die Luft vorhanden sei, wenn sie still und ruhig ist? Sicherlich nicht dadurch, daß wir sie sehen, denn die Luft ist ein unsichtbares Gas; aber dadurch, daß wir ein Experiment mit ihr anstellen, können wir neues über sie erfahren.

9. Was enthält die Luft?

Versuch 6. — Wir nehmen eine Glasglocke, die am Boden offen und oben mit einem Halse versehen ist, der durch einen Kork verschlossen wird. (Eine alte

Flasche mit abgesprungenem Boden genügt auch.) Diese Glasglocke stellen wir in ein Becken mit Wasser, nachdem wir vorher in ein auf dem Wasser schwimmendes Schälchen ein Stückchen Phosphor, so groß wie eine Erbse, gelegt und es mit einem Streichhölzchen angezündet haben. Der Phosphor ist ein sehr gefährlicher Körper: man muß sehr vorsichtig mit ihm umgehen, weil er leicht von selbst Feuer fangen und dann die Finger auf schlimme Weise verbrennen kann. Wir

Abb. 6.

sehen nun, wie der Phosphor unter unserer Glasglocke mit heller Flamme verbrennt. Nach einer Weile erlischt er, obgleich er noch nicht vollständig verbrannt ist, und wir lassen dann die Glocke stehen, bis sie ganz kalt geworden ist. Wir bemerken, daß die weißen Dämpfe, die beim Brennen des Phosphors entstanden, jetzt verschwunden sind, und daß ein Vorrat von Luft zurückgeblieben ist. Indessen entgeht es uns nicht, daß die Menge der jetzt noch vorhandenen Luft geringer ist als die, welche sich am Anfange in der Glocke befand. Während anfangs die Glocke ganz mit Luft angefüllt war, beobachten wir jetzt, daß in ihrem unteren Teile eine beträchtliche Menge Wasser sich vorfindet.

Wir fragen nun zunächst: Ist die Luft, die in der Glocke zurückgeblieben ist, noch von derselben Art wie die, welche ursprünglich darin enthalten war? Zur Lösung dieser Frage entfernen wir den Kork aus dem Halse der Glocke und führen unsere brennende Kerze in dieselbe ein; das Licht erlischt sofort. Wir zünden es nochmals mit einem Streichhölzchen an und wiederholen das Experiment; wieder erlischt das Licht, sobald wir es in die Glocke hinein bringen. Über diese Tatsache kann also kein Zweifel mehr herrschen. Etwas ist nach dem Brennen des Phosphors zurückgeblieben, das von dem, was anfangs in der Glocke sich befand, verschieden ist. Es müssen also offenbar zwei verschiedene Arten von Luft in diesem Zimmer vorhanden sein. Die eine Art (Sauerstoffgas genannt) verbindet sich mit dem Phosphor unter Bildung der weißen Dämpfe, sie verschwindet und das Wasser tritt in der Glocke an ihre Stelle; die andere Luftart (Stickstoffgas genannt), die zurückbleibt, löscht eine brennende Kerze aus und ist daher ein vom Sauerstoff ganz verschiedener Körper. Demnach haben wir nicht nur gelernt, daß in diesem Zimmer und unter unserer Glocke ein Etwas vorhanden ist, welches wir Luft nennen, sondern auch, daß dieses Etwas aus zwei verschiedenen Dingen (beides unsichtbare Gase), die Sauerstoff und Stickstoff heißen, besteht. Wie viel können wir doch durch einen so einfachen Versuch erfahren! Die Wissenschaft ist immer einfach und klar, wenn wir vorsichtig vorwärts gehen und wenn wir uns von jedem Schritte genaue Rechenschaft ablegen.

Luft. § IV.

10. Was geht vor, wenn wir die Luft einatmen?

Wir wissen jetzt, daß wenn ein Licht oder ein anderer Gegenstand in der Luft brennt, eine chemische Vereinigung der Bestandteile der Kerze oder des Gegenstandes mit dem Sauerstoff der Luft vor sich geht. Die brennende Wachskerze gibt zur Bildung von Kohlensäure und Wasser Veranlassung, weil der in dem Wachs enthaltene Kohlenstoff und Wasserstoff sich mit dem Sauerstoff der Luft verbindet. Wir müsse das Licht anzünden, wenn es brennen soll, d. h. wir müssen jene chemische Vereinigung in Gang setzen. Die Kerzenflamme ist heiß, weil eine Verbrennung, eine Oxydation stattfindet. Blasen wir die Kerze aus, so wird die Flamme abgekühlt und ausgelöscht; das Wachs kann sich dann nicht mehr mit dem Sauerstoff verbinden.

Ebenso, wie der Sauerstoff der Luft für das Brennen einer Kerze notwendig ist, ist er auch für das Leben der Menschen und Tiere unentbehrlich. Es ist uns allen bekannt, daß wir zum Atmen frische Luft nötig haben; erhalten wir nicht genug frische Luft, so ersticken wir und sterben. Es ließen sich viele schreckliche Geschichten erzählen von Menschen, die auf Schiffen bei Stürmen erstickt sind, wenn die Luken zugenagelt wurden, um die eindringenden Wogen abzuhalten, oder die in Kohlenbergwerken oder Brunnen, wo sich verdorbene Luft angesammelt hatte, umgekommen sind. Daher liegt uns die Frage nahe: Was geht vor, wenn wir atmen? Bringen Menschen oder Tiere in der Luft, die sie einatmen, irgend eine chemische Veränderung hervor, ähnlich dem brennenden Lichte oder dem Phosphor? Ein einfacher Versuch, den wir jetzt anstellen wollen, wird diese Frage bald klar und richtig beantworten.

Versuch 7. — Wir gießen etwas klares Kalkwasser in ein Glas und blasen dann die Luft aus unserer Lunge vermittelst eines Strohhalmes oder einer Glasröhre durch die Flüssigkeit. Wir bemerken bald, daß das Kalkwasser getrübt wird. Genau dieselbe Erscheinung trat auf, als wir ein Licht in einer Flasche brennen

Abb. 7.

ließen (Versuch 1). Die Trübung zeigt, daß sich Kreide gebildet hat, und daraus ersehen wir, daß aus unserer Lunge Kohlensäuregas hervor kommt. Diese Kohlensäure kann nicht aus der in unsere Lunge gelangenden Luft stammen, weil das Kalkwasser durch Schütteln mit gewöhnlicher Luft nicht trübe wird. Wir haben somit festgestellt, daß die Luft, die wir ausatmen, verschieden ist von der, die wir einatmen, da erstere eine große Menge von Kohlensäure enthält. Woher stammt nun dieses Gas? Es ist dasselbe, welches sich immer bildet, wenn ein Licht brennt. Kann unser

Körper vielleicht ähnlich wie ein Licht im Verbrennen begriffen sein? Im ersten Augenblick werden wir sagen: Nein, sicher nicht; denn wir sind nicht so heiß wie eine Kerzenflamme. Aber dann werden wir denken: Gewiß, wir sind ja wirklich wärmer als der Tisch oder die Wände oder irgend etwas Lebloses. Dasselbe ist mit dem Hund, der Katze, mit einer großen Anzahl von Tieren der Fall. Wenn diese Tiere aber aufhören zu leben, oder wenn sie aufhören zu atmen, dann werden sie kalt, wie die Wände und der Tisch. Das Atmen der Tiere ist daher ein Oxydationsvorgang. Die Luft geht durch die Nase und den Mund in die Luftröhre und von da in ein sehr feines Netzwerk von kleinen Röhrchen, welches die Lunge genannt wird. Auf der einen Seite dieser dünnen Röhrchen ist die Luft, auf der anderen Seite das Blut, und der Sauerstoff der Luft geht durch die dünnen Wände dieser Luftkanäle in das Blut über, wo er sich langsam mit dem Kohlenstoff, der im Körper vorhanden ist, verbindet. Wir können uns leicht selbst davon überzeugen, daß der tierische Körper Kohlenstoff enthält, da die Beobachtung lehrt, daß ein Stück Fleisch verkohlt oder Kohlenstoff zurückläßt, wenn es über starkem Feuer teilweise verbrannt wird. Dieser Kohlenstoff des Körpers bildet nun, wenn er sich mit Sauerstoff vereinigt, Kohlensäure, gerade so, wie es mit dem Kohlenstoff eines Stückes Holz der Fall ist. Die Wärme, welche in beiden Fällen erzeugt wird, ist genau dieselbe. Wenn wir eine Flasche voll reiner Kohlensäure von einer brennenden Kerze und eine genau eben so große Flasche voll reiner Kohlensäure aus unserer Lunge erhalten könnten, so würden wir finden, daß die Wärme, die in unserem Körper durch die Verbrennung des tierischen Kohlenstoffs bei der Bildung dieser Menge Kohlensäuregas erzeugt wird, genau derjenigen gleichkommt, welche die brennende Kerze bei der Bildung derselben Menge des nämlichen Gases ausgibt. Wir sehen jedoch keine Flamme bei dem Tiere, weil die Wärme, die bei der Verbrennung entsteht, über den ganzen Körper sich verteilt; wenn die Oxydation sich auf einen Raum, so klein wie der Docht einer Kerze, beschränken würde, könnten wir wohl erwarten, eine Flamme zu sehen, aber da sie in dem Blut erfolgt, das den Körper überall durchläuft, so hält sie einfach das Ganze warm.

Somit haben wir nun durch diesen Versuch gelernt: 1) daß die Tiere den Sauerstoff der Luft in ihre Lunge aufnehmen, 2) daß dort der Sauerstoff in das Blut übergeht, und 3) daß in diesem der Sauerstoff dazu verwandt wird, Kohlenstoff des Körpers zu Kohlensäure zu verbrennen, wodurch die tierische Wärme erzeugt wird.

Luft. § V.

11. Werfen wir nun zunächst die Frage auf: Welche Art von Einwirkung üben die Pflanzen auf die Luft aus?

Wir müssen wieder unsere Zuflucht zu einem Versuche nehmen, aber diesmal zu einem, der einige Tage dauern wird.

Versuch 8. — Wenn wir einige Senf- oder Kressensamen auf ein Stück gewöhnlichen Flanell säen, welches dadurch feucht gehalten wird, daß es auf einem

Teller liegt, in dem sich ein wenig Wasser befindet, so werden die Samen bald zu keimen beginnen, und wenn wir sie ins Helle stellen, werden sie weiter wachsen, so daß wir nach einigen Tagen eine schöne Zucht von Senf- oder Kressenpflanzen haben können. Woher erhielten nun die wachsenden Pflanzen den zur Bildung ihrer Stengel und Blätter nötigen Stoff? Nicht aus dem Flanell, denn dieser bleibt unverändert; nicht gänzlich aus den Samen, denn die Pflanzen wiegen viel mehr als die Samen; nicht aus dem Wasser allein, denn die Pflanzen besitzen Stengel und Blätter, welche Kohlenstoff enthalten, und dieser Körper ist im Wasser nicht vorhanden. Woher nimmt nun die Pflanze den Kohlenstoff, den sie bedarf? Wir antworten: Aus der Luft. Durch unseren vorhergehenden Versuch haben wir die Überzeugung gewonnen, daß die Tiere beständig Kohlensäure ausatmen, und wir können daher mit Gewißheit behaupten, daß dieses Gas in der Luft gegenwärtig sein muß, wenn auch nur in kleinen Mengen. Versuchen wir, ob es uns möglich ist, Kohlensäure in der Luft nachzuweisen.

Versuch 9. — Wir gießen ein wenig klares Kalkwasser in eine flache Untertasse oder in einen reinen Teller, lassen es entweder im Zimmer oder im Freien einige Minuten stehen, rühren es um und gießen es dann in ein Glas. Uns entgeht nicht, daß sich ein dünnes, weißes Häutchen an der Oberfläche des Wassers gebildet hat. Dieses Häutchen ist Kreide oder kohlensaurer Kalk, entstanden durch Vereinigung der in der Luft enthaltenen Kohlensäure mit dem Kalk. Es bedarf einiger Zeit, bis dasselbe sich bildet, und es sind auch nur sehr dünne Blättchen und winzige Flocken zu sehen, weil sich in der Luft nur sehr geringe Mengen von Kohlensäure vorfinden.

Aber diese geringen Mengen von Kohlensäure dienen all den Pflanzen, die auf der Erde wachsen, als Hauptnahrungsmittel.

12. Das Wachstum der Pflanzen.

Da die Pflanze Kohlensäure zu ihrer Ernährung braucht und daraus Holz, Früchte, Blätter erzeugt, welche alle zu ihrer Bildung Kohlenstoff nötig haben, so liegt die Frage nahe: Was wird aus dem Sauerstoff, der, wie wir wissen, mit dem Kohlenstoff zur Kohlensäure vereinigt ist? Wir müssen wie gewöhnlich die Natur um eine Antwort hierauf ansprechen und einen Versuch anstellen.

Versuch 10. — Wir nehmen ein Büschel frischer, grüner Blätter — sehr geeignet ist Brunnenkresse —

Abb. 8.

bringen sie in eine große Flasche und füllen die Flasche mit frischem Brunnenwasser ganz voll, so daß keine Luftblase in ihr zurückbleibt. Dann kehren wir die verkorkte, mit Wasser und Blättern angefüllte Flasche um, öffnen sie in einem darunter gestellten Becken mit Wasser und setzen das Ganze ein oder zwei Stunden dem hellen Sonnenlicht aus. Wenn wir darauf die Blätter genau beobachten, so werden wir finden, daß sie mit kleinen Bläschen bedeckt sind, und daß sich auch mehrere Blasen oben unter dem Boden der Flasche angesammelt haben. Diese Blasen bestehen aus reinem Sauerstoffgas[1], das aus der Kohlensäure, welche im Brunnenwasser enthalten ist[2], herrührt. Pflanzen haben das Vermögen, im Sonnenlicht die Kohlensäure der Luft zu zerlegen; sie verwenden den Kohlenstoff zum Aufbau ihrer Stengel, Blätter u. s. w. und setzen den Sauerstoff als Gas in Freiheit.

Versuch 11. — Es ist uns vielleicht schon allen bekannt, daß grüne Pflanzen im Dunkeln nicht wachsen können. Wenn wir unseren letzten Versuch nochmals wiederholen, werden wir den Grund dieser Erscheinung kennen lernen; wir brauchen nur die Flasche mit den Blättern und dem Brunnenwasser anstatt in das Sonnenlicht in einen dunkeln Keller zu stellen. Wir werden dann, mögen wir sie noch so lange Zeit stehen lassen, keine Bildung irgend welcher Sauerstoffblasen beobachten, und wir ersehen daraus, daß grüne Pflanzen nur im Sonnenlichte die Kohlensäure zerlegen können, daß daher das Sonnenlicht für ihr Wachstum notwendig ist.

---

1. Dies kann leicht dargetan werden, wenn das Gas in genügender Menge vorhanden ist, indem man es in ein enges Probierrohr bringt und darin das Aufflammen eines glimmenden Holzspanes zeigt.

2. Wenn man zum Brunnenwasser Kalkwasser hinzugießt, so erfolgt eine Trübung durch sich bildenden kohlensauren Kalk. Damit ist das Vorhandensein von Kohlensäure im Brunnenwasser nachgewiesen.

13. Einwirkung der Tiere und Pflanzen auf die Luft.

Wir wollen nun noch einen Augenblick bei den verschiedenen Umwandlungen, welche Tiere und Pflanzen in der Luft hervorbringen, verweilen. Wir haben gelernt, daß diese beiden Klassen lebender Wesen beständig wichtige chemische Veränderungen in der Luft verursachen, so daß also die Chemie nicht nur mit den Umwandlungen, die in den toten oder leblosen Körpern vor sich gehen, zu tun hat, sondern auch bei dem Leben eines jeden auf der Erde vorhandenen Tieres und pflanzlichen Wesens stark beteiligt ist. Wir haben ferner gelernt, daß:

Tiere Sauerstoff einatmen und Kohlensäure ausatmen, daß sie Wärme entwickeln und in einer beständigen Verbrennung begriffen sind; daß:

Pflanzen Kohlensäure aufnehmen und Sauerstoff abgeben, daß sie Sonnenlicht und Wärme — ohne welche sie nicht wachsen können — bedürfen und beständig brennbare Körper erzeugen.

So sehen wir, daß der Hergang, der sich bei dem Tiere abspielt, genau der umgekehrte von demjenigen ist, welcher bei der Pflanze stattfindet: Das Tier macht die Luft unrein durch beständiges Ausatmen von Kohlensäure; die Pflanze ist fortwährend bestrebt, die Luft wieder zu reinigen, indem sie die Kohlensäure aufnimmt und vermittelst ihrer Blätter Sauerstoff ausatmet. Dieses Gleichgewicht zwischen dem tierischen und pflanzlichen Leben wird durch die jetzt so gewöhnlichen Aquarien sehr gut ersichtlich gemacht, in denen kleine Wassertiere und Wasserpflanzen in einer von der

Luft abgeschlossenen Kugel neben einander leben. Der Kohlenstoff, welcher in der von den Tieren entwickelten Kohlensäure enthalten ist, wird von den Pflanzen verbraucht; derselbe ist gerade für das Wachstum der Pflanzen hinreichend, während der zur gleichen Zeit freigewordene Sauerstoff den Tieren zum Atmen dient.

Wasser. § VI.

14. Woraus besteht das Wasser?

Es ist wohl jedem bekannt, daß, wenn wir ein Stück Eis in ein Gefäß bringen und dasselbe über einer Flamme erwärmen, das feste Eis sich in flüssiges Wasser verwandelt und daß, wenn wir mit der Erwärmung fortfahren, das Wasser nach einiger Zeit siedet und gasförmigen Dampf bildet. Dieser Dampf ist ein unsichtbares Gas, welches in seinen Eigenschaften von dem flüssigen Wasser ganz verschieden ist, das durch Abkühlung des Dampfes gewonnen wird. Versuchen wir, ob wir nicht auf einem anderen Wege noch etwas anderes, als Dampf aus dem Wasser erhalten können.

Versuch 12. — Anstatt dem Wasser Wärme zuzuführen, wodurch es nur ins Kochen kommt, wollen wir einen Strom von Elektrizität durch das Wasser leiten (dem wir, damit die Elektrizität leichter hindurchgeht, einige Tropfen einer Säure zufügen). Wir nehmen dazu vier Elemente einer Grove'schen Batterie (eine Beschreibung derselben werden wir in Abschnitt 87 der Physik erhalten), und der Strom wird durch das angesäuerte Wasser mittels der in dem Kork am Boden des Trichters befestigten zwei Platindrähte geleitet werden, wenn wir dieselben mit den beiden Kupferdrähten der Batterie in Verbindung setzen.

Was nehmen wir nun wahr in dem Augenblicke, wo wir diese Verbindung herstellen? Das Wasser in der Nähe der Drähte scheint zu kochen oder aufzubrausen; wenigstens bemerken wir, daß eine Menge kleiner Gasbläschen daselbst aufsteigt. Diese Bläschen können nicht aus Wasserdampf bestehen, weil etwa in der Nähe der Drähte gebildeter Dampf durch das eben dort befindliche

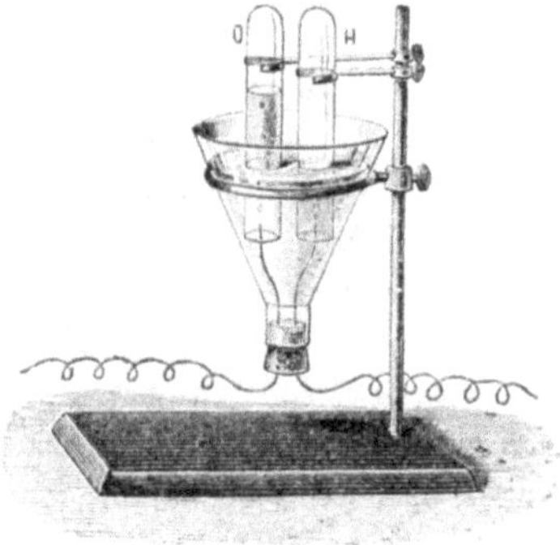

Abb. 9.

kalte Wasser sofort wieder verdichtet werden würde, während diese Bläschen in dem Wasser in die Höhe steigen. Versuchen wir sie aufzufangen und sehen wir, ob die Blasen von dem einen Draht derselben Art sind, wie die von dem anderen. Zu diesem Zweck wollen wir über jeden Draht ein kleines mit Wasser gefülltes Probierrohr befestigen, so daß die um den Draht herum aufsteigenden Blasen in den Röhren, welche beide von derselben Größe sind, aufgefangen werden. Was zeigt sich nun, während die Gase sich ansammeln? Es ergibt sich, daß wir in dem einen Röhrchen gerade zweimal so viel Gas erhalten als in dem anderen. Das eine Röhrchen ist jetzt ganz mit einem farblosen Gase gefüllt, während das andere genau halb voll ist. Sehen wir nun zunächst, welche Art von Gas wir erhalten haben. Wir nehmen das Röhrchen, das nur bis zur Hälfte mit Gas gefüllt ist, aus dem Wasser heraus, während wir den Daumen auf seine Öffnung drücken, kehren es dann um und bringen einen glimmenden Holzspan in das Gas. Der Holzspan gerät auf einmal in Flamme! Was müssen wir daraus schließen? Daß das Gas Sauerstoff ist; denn man weiß, daß sich dieses Gas an der Eigenschaft, einen glimmenden Körper zu entflammen, erkennen läßt.

Denselben Versuch wollen wir dann auch mit dem anderen Röhrchen anstellen, wollen es aber aus einem Grunde, den wir bald einsehen werden, mit seiner Öffnung nach unten halten. Der glimmende Span entzündet sich nicht; aber wenn wir nun die Flamme einer Kerze an die Öffnung des Röhrchens halten, so entzündet sich das Gas selbst und verbrennt mit einer blaßblauen Flamme. Wir haben es hier folglich mit einem vom Sauerstoff ganz verschiedenen Gase zu tun, mit einem Gase, welches Wasserstoff genannt wird.

Bei der Wiederholung dieses Versuches werden wir stets dasselbe Ergebnis beobachten, und wir kennen keine Verfahrungsweise, mit Hilfe deren wir aus dem Wasser etwas anderes, als Sauerstoff und Wasserstoff erhalten könnten. Wir sind daher zu dem Schluß berechtigt:

1) daß wir vermittelst der Elektrizität das

Wasser in zwei völlig verschiedene gasförmige Körper — Wasserstoff und Sauerstoff — und in nichts anderes spalten oder zerlegen können;

2) daß das Wasser, wenn es in dieser Weise zerlegt wird, eine zweimal so große Raummenge von Wasserstoff als von Sauerstoff liefert.

15. Wir können Wasserstoff aus Wasser auch auf andere Weise erhalten.

Versuch 13. — Wenn wir ein Kügelchen Kalium[1], so groß wie eine halbe Erbse, auf die Oberfläche des in einem Becken enthaltenen Wassers werfen, so bemerken wir, daß dasselbe, da es leichter als das Wasser ist, auf dessen Oberfläche schwimmt, aber auch, daß in dem-

Abb. 10.

selben Augenblick, in dem es mit dem Wasser in Berührung kommt, um das Metall herum eine Flamme entsteht. Diese Flamme wird durch den Wasserstoff des Wassers verursacht, welcher, durch Kalium in Freiheit gesetzt, Feuer fängt und brennt. Wenn

1. Dieses Metall muß unter Steinöl aufbewahrt werden, um es gegen den Zutritt von Luft und Feuchtigkeit zu schützen. Dasselbe läßt sich mit einem Federmesser schneiden.

nun diese Flamme von der Verbrennung des Wasserstoffes herrührt, was wird dann aus dem Sauerstoff des Wassers? Der Sauerstoff verbindet sich chemisch mit dem Kaliummetall und verwandelt dasselbe in Ätzkali. Wir können dies beweisen, indem wir zu dem Wasser ein wenig rote Lakmuslösung fügen. Die Farbe geht infolge der Gegenwart des Ätzkalis von rot in blau über. Werfen wir ein Stückchen Natrium auf das Wasser, so wird dies ebenfalls auf der Oberfläche schwimmen und den Wasserstoff in Freiheit setzen, während der Sauerstoff des Wassers mit dem Natrium Ätznatron bildet. Die hierbei entstehende Wärme ist aber nicht hinreichend, um den Wasserstoff zu entzünden.

16. Wie Wasserstoff aufgefangen werden kann.

Versuch 14. — Wenn wir den letzten Versuch in etwas anderer Weise anstellen, können wir den Wasserstoff, den wir auf der Oberfläche des Wassers brennen sahen, auffangen. Zu diesem Zwecke wollen wir

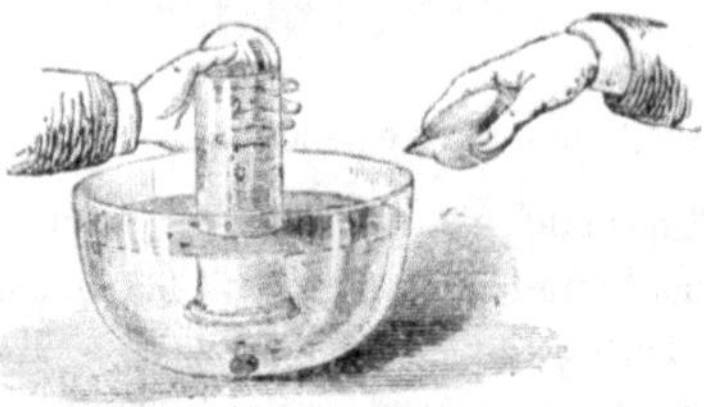

Abb. 11.

einige kleine Stücke Natrium mit wenig trockenem Quecksilber, dem wohlbekannten, glänzenden, flüssigen Metall, zusammenbringen. Drücken wir die Stückchen Natrium mit einem Stößel unter die Oberfläche des in einer Reibschale befindlichen Quecksilbers, so vereinigen sich die beiden Metalle, und wir erhalten eine Mischung der Metalle, oder, wie eine solche auch genannt wird, ein Amalgam. Dieses flüssige Amalgam gießen wir in ein Becken mit Wasser und halten über dessen Mitte einen umgekehrten, mit Wasser gefüllten Glaszylinder oder ein weites Probierrohr. Das Natrium wird allmählich das Wasser zersetzen, indem es Ätznatron bildet, und der Wasserstoff des Wassers wird frei werden und sich in dem umgekehrten Glaszylinder ansammeln. Nachdem sich eine gewisse Menge Gas gebildet hat, kann das Vorhandensein des Wasserstoffs dadurch nachgewiesen werden, daß man ein Licht nahe an das Gas bringt und sieht, ob letzteres mit blasser Flamme verbrennt.

Wasser. § VII.

17. Wasserstoff auf andere Weise darzustellen.

Noch viele andere Metalle sind im stande, das Wasser zu zerlegen, indem sie den Sauerstoff zur Bildung eines Metalloxyds verwenden und den Wasserstoff in Freiheit setzen. Einige Metalle, wie Kalium und Natrium, tun dies, wie wir gesehen haben, schon in der Kälte; andere müssen bis zur Rotglut erhitzt werden, bevor sie das Wasser zersetzen und sich mit dem Sauerstoff verbinden, den Wasserstoff aber frei machen können, wie z. B. Eisen unter Bildung von Eisenoxyd oder Eisenrost. Obgleich diese Metalle, zu denen außer Eisen auch Zink gehört, nicht fähig sind, kaltes Wasser in Sauerstoff und Wasserstoff zu zerlegen, so vermögen sie doch in der Kälte Wasserstoff frei zu machen, wenn sie mit verdünnter Säure in Berührung gebracht werden.

Versuch 15. — Wenn wir einige Zinkschnitzel in einen etwas Wasser enthaltenden Kolben werfen und dazu vorsichtig ein wenig Schwefelsäure (Vitriolöl) gießen, werden wir bald ein Aufbrausen bemerken, das vom Entweichen eines Gases herrührt. Den

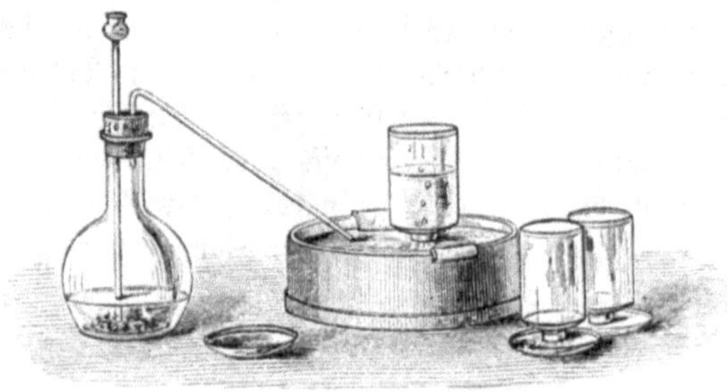

Abb. 12.

Hals des Kolbens verschließen wir luftdicht mit einem Kork, der mit einer gebogenen Glasröhre versehen ist. Der Wasserstoff, welcher durch das Zink in Freiheit gesetzt wird, streicht durch die Glasröhre; und die Blasen des Gases können in einer mit Wasser gefüllten Flasche, die in einer Wanne steht, aufgefangen werden. Bevor man aber das Gas auffammelt, muß man warten, bis alle Luft aus dem Entwickelungskolben verdrängt worden ist. Man versucht deshalb, ob das Gas, in einem kleinen Probierrohr aufgefangen, ruhig abbrennt, sobald man letzteres mit abwärts gekehrter Öffnung einer Flamme nähert. Wenn die Gasentwickelung nachzulassen beginnt, so kann sie, indem man noch etwas Säure durch das Trichterrohr nachgießt, wieder verstärkt werden, ohne daß der Kork vom Kolben abgenommen wird.

Nachdem wir drei Flaschen mit Wasserstoff gefüllt und, um sie aufzuheben, ihre nach unten gekehrten Hälse in kleine, mit Wasser gefüllte Tassen gestellt haben, wollen wir sehen, was wir durch Versuche über die Eigenschaften dieses interessanten Gases erfahren können.

18. Wasserstoff brennt und ist leichter als Luft.

Versuch 16. — Wir nehmen eine der mit Wasserstoff gefüllten Flaschen so aus dem Wasser, daß ihre Mündung nach unten gerichtet bleibt, und führen eine an einem Draht befestigte, angezündete Kerze in die Flasche ein. Wir bemerken nun, daß das Wasserstoffgas an der Mündung der Flasche Feuer fängt, daß aber die Flamme der Kerze innerhalb der Flasche ausgeht. Wenn wir das Licht herausziehen, wird es durch das brennende Wasserstoffgas wieder angezündet, erlischt aber, sobald wir es nochmals in das Gas hineinschieben.

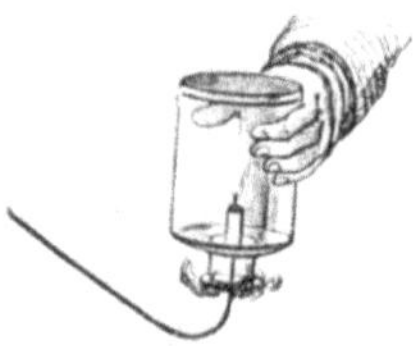

Abb. 13.

Dieser Versuch lehrt uns also:

1) Wasserstoffgas ist entzündbar und brennt mit einer blaßblauen Flamme;

2) Wasserstoffgas unterhält das Brennen einer Kerze nicht.

Versuch 17. — Kehren wir die Öffnung einer Wasserstoff enthaltenden Flasche nach oben und bringen schnell ein Licht an dieselbe, so wird das Wasserstoffgas mit einer viel größeren Flamme brennen, als wenn die Öffnung der Flasche nach unten gekehrt ist. Dies geschieht, weil der Wasserstoff viel leichter als die Luft ist. Aus diesem Grunde können wir auch

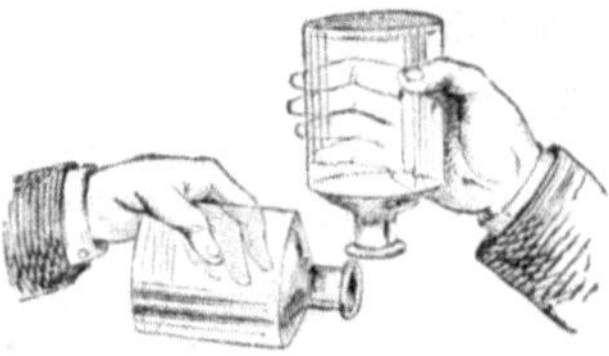

Abb. 14.

Wasserstoffgas in die Höhe gießen. Wir nehmen zwei Flaschen, die eine mit Luft, die andere mit Wasserstoff gefüllt, und halten sie beide mit abwärts gerichteten Hälsen neben einander; hierauf neigen wir die mit Wasserstoff gefüllte Flasche und bringen sie langsam in die auf der Abbildung angegebene Lage. Es wird dann das leichtere Wasserstoffgas nach oben strömen und die Luft aus der oberen Flasche verdrängen. Bringen wir nun die obere Flasche mit nach unten gekehrter Öffnung an ein Licht, so fängt der Wasserstoff Feuer und verbrennt (bisweilen mit einem leichten Knall, der durch beigemischte Luft verursacht wird). Lassen wir die andere, die untere Flasche, einige Augenblicke mit aufwärts gerichtetem Halse auf dem Tische stehen und bringen dann ein Licht an die Mündung, so zeigt sich, daß aller Wasserstoff verschwunden und die Flasche mit gewöhnlicher Luft gefüllt ist. Dieser Versuch lehrt uns, daß Wasserstoff viel leichter als gewöhnliche Luft ist; er ist unstreitig der leichteste Körper, welchen wir kennen, und er wird daher zur Füllung der Luftballons benutzt.

19. Wenn der Wasserstoff verbrennt, wird Wasser gebildet.

Zunächst wollen wir herauszufinden suchen, was sich bildet, wenn Wasserstoff in der Luft verbrennt.

Versuch 18. — Statt der gebogenen Röhre, welche wir mit Hilfe eines Korkes auf dem Glaskolben befestigten, in welchem Wasserstoff entwickelt wird, wollen wir auf demselben jetzt eine gerade Röhre anbringen, die zu einer Spitze ausgezogen ist und das Gas als feinen Strahl austreten läßt. Wenn wir ganz sicher sind, daß alle Luft aus dem Kolben ausgetrieben ist (worüber wir uns vergewissern können, indem wir ein trockenes Probierrohr über die zugespitzte Röhre stülpen und versuchen, ob der Wasserstoff, der dann das Probierrohr füllt, nach dem Herabnehmen des letzteren von der Röhre beim Anzünden ohne Geräusch verbrennt), bringen wir eine Flamme an den Strahl. Der Wasserstoff brennt mit ruhiger Flamme; halten wir nun, wie bei Versuch 2, über diese ein trockenes Trinkglas, so bemerken wir, daß sich in demselben ein Ansatz von Tau, oder kleinen Wassertropfen, bildet. Dies zeigt,

Abb. 15.

daß sich der Wasserstoff, wenn er brennt, mit dem Sauerstoff der Luft unter Erzeugung von Wasser verbindet.

Versuch 19. — Nun wollen wir untersuchen, ob bei der Verbrennung des Wasserstoffs neben Wasser noch etwas anderes entsteht. Wir wollen deshalb die Flamme innerhalb einer großen Flasche brennen lassen und dann zu der Luft, in welcher der Wasserstoff verbrannte, etwas klares Kalkwasser (wie bei Versuch 1) gießen. Es tritt jedoch keine Trübung des Kalkwassers ein, und wir können daraus ersehen, daß beim Verbrennen des Wasserstoffs kein Kohlensäuregas gebildet wird. Durch weitere Versuche sind die Chemiker zu dem Schluß gekommen, daß, wenn Wasserstoff in der Luft verbrennt, nichts anderes, als reines Wasser erzeugt wird. Würden wir den Versuch 18 so einrichten, daß das Trinkglas für einige Zeit kalt bliebe, so könnten wir einen ganzen Vorrat von Wasser erhalten und würden finden, daß dasselbe vollständig rein und ganz frei von Ruß ist, was bei dem durch Brennen einer Kerze gebildeten Wasser nicht der Fall war (Versuch 2).

Jetzt können wir sagen, woher das Wasser stammt, welches wir bekamen, als die Kerze verbrannt wurde; das Wachs muß Wasserstoff enthalten, und das Wasser ist durch Vereinigung dieses Wasserstoffs mit dem Sauerstoff der Luft gebildet worden. Wir sehen ferner, daß wir bei der Erlangung von Aufschlüssen über das Wasser auch solche über die Luft gewinnen; denn wir erfahren, daß das Wasser aus zwei verschiedenen Arten von Luft oder Gas besteht. So nahe hängen die Gegenstände der Naturkunde unter einander zusammen.

Wasser. § VIII.

20. Zusammensetzung des Wassers.

Versuchen wir zunächst noch mehr über die Zusammensetzung des Wassers zu erfahren. Wir haben gefunden, daß die Luft Sauerstoff enthält (Versuch 3), und aus einem Gemenge desselben mit Stickstoff besteht (Versuch 6). Der Sauerstoff ist in der Luft in freiem Zustande als ein farbloses Gas vorhanden; im Wasser ist der Sauerstoff mit Wasserstoff chemisch verbunden, und wenn sich diese beiden Gase vereinigt haben, bilden sie flüssiges Wasser. Wir wissen ferner (Versuch 12), daß bei der Zerlegung des Wassers 2 Raumteile Wasserstoff auf je 1 Raumteil Sauerstoff erhalten werden. Es tritt nun die bedeutsame Frage an uns heran, welche Gewichtsmengen von Sauerstoff und Wasserstoff sich vereinigen, wenn Wasser entsteht. Wieviel Pfund Wasserstoff und wieviel Pfund Sauerstoff sind erforderlich, um so und so viel Pfund Wasser zu erzeugen? Wir müssen bei dieser Frage Sorge tragen, Raummaß und Gewicht wohl zu unterscheiden. Die Zusammensetzung des Wassers dem Gewicht nach mit Genauigkeit zu ermitteln, ist nicht leicht, und die Kenntnis der ersteren hat solchen Wert, daß viele Chemiker Monate, ja Jahre geopfert haben, um die im Wasser enthaltenen Gewichtsmengen von Wasserstoff und Sauerstoff genau zu bestimmen. Wir wollen ihre Versuche auf eine, ich möchte sagen, rohe Weise nachmachen, die zwar mehr Schwierigkeiten darbietet, wie die früheren Experimente, aber sehr lehrreich ist und von allen leicht verstanden werden wird, welche mit Aufmerksamkeit die Beschreibung lesen und dem Versuche folgen.

Versuch 20. — Es ist hierfür notwendig, daß wir etwas näheres über den Gebrauch der Wage und die Art und Weise, wie man das Gewicht eines Körpers ermittelt, wissen. Deshalb wird es gut sein, daß wir selbst wägen und die Anzahl und den Wert der Gewichtsstücke kennen lernen, bevor wir beginnen.

Wir haben hier eine kleine Apothekerwage und einen Gewichtssatz. Ferner A, eine Röhre von schwer schmelzbarem Glase, die in der Mitte zu einer Kugel aufgeblasen ist; in diese Kugel bringen wir ungefähr 10 Gramm

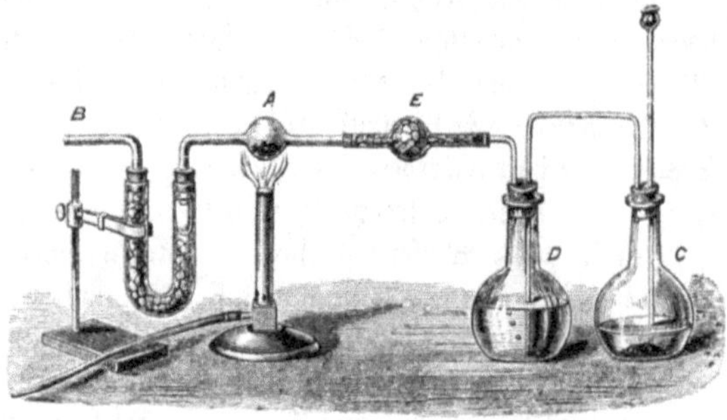

Abb. 16.

schwarzes Kupferoxyd. B ist eine andere Röhre, in welcher das gebogene Ende der Röhre A befestigt werden kann; diese Röhre ist mit weißem Chlorcalcium angefüllt, einem Körper, der sehr begierig Feuchtigkeit aufnimmt. C ist ein Kolben, in dem aus verdünnter Säure vermittelst Zink Wasserstoff entwickelt werden soll. D ist eine kleine Waschflasche, die etwas Vitriolöl enthält, welches zum Trocknen des in Blasen durchstreichenden Wasserstoffgases dient. E ist eine zweite, Chlorcalcium enthaltende Röhre, durch die das Gas strömen muß, wodurch es vollständig getrocknet wird, bevor es die Röhre A erreicht. Um den Versuch auszuführen, müssen wir zuerst das Gewicht der Röhre A zusammen mit dem des Kupferoxydes bestimmen, indem wir die Korke von ihr abnehmen und sie von den Röhren E und B trennen, dann vorsichtig auf die eine Schale der Wage bringen und auf die andere Gewichte legen, bis sich die Wage vollständig im Gleichgewicht befindet. Das genau bestimmte Gewicht der Röhre mit dem Kupferoxyde muß aufgeschrieben werden. Hierauf ermitteln wir auf dieselbe Weise das Gewicht der Röhre B und schreiben uns dieses ebenfalls auf.

Ist dies geschehen, so bringen wir beide Röhren wieder an ihren frühere Platz zurück, wobei wir jedoch Sorge tragen, daß von ihrem Inhalte nichts verloren geht. Hierauf gießen wir etwas Schwefelsäure durch das Trichterrohr zu dem Zink hinzu und lassen den Wasserstoff langsam durch den ganzen Apparat und über das Kupferoxyd streichen. Wir halten nun ein trockenes Probierrohr über das aufwärts gekehrte Ende der Röhre B, fangen das Wasserstoffgas, welches herauskommt, auf, und untersuchen von Zeit zu Zeit, ob alle Luft aus dem Apparat ausgetrieben ist, indem wir das Probierrohr mit nach unten gerichteter Öffnung an eine Flamme bringen. Nach mehreren Versuchen fängt der Wasserstoff in dem Probierrohr nicht bloß Feuer, sondern verbrennt geräuschlos. Sobald dies der Fall ist, stellen wir eine kleine Gasflamme unter die Röhre, die das Kupferoxyd enthält. So lange diese noch kalt bleibt, kann keine Veränderung an dem schwarzen Oxyd wahrgenommen werden, obgleich der Wasserstoff darüber hinwegstreicht; wenn sie aber erhitzt wird, beginnt das Kupferoxyd sein Aussehen auf einmal zu verändern. Die schwarze Farbe geht in eine hellrote, metallische über, und wir bemerken, daß sich innerhalb der Röhre an ihrem kälteren Teile Wassertropfen absetzen. Sobald die ganze Kugel heiß wird, geht das Wasser in die Röhre B hinüber, und hier wird es durch den Feuchtigkeit anziehenden Körper, das Chlorcalcium, festgehalten. Wir lassen den Wasserstoff so lange durch die heiße Kugel streichen, bis die schwarze Farbe ganz verschwunden ist, und dann nehmen wir die Flamme weg. Während sich nun die Kugel abkühlt, wollen wir zu erfahren suchen, was hier vorgegangen ist. Der Wasserstoff hat sich mit dem Sauerstoff des Kupferoxydes verbunden, und damit Wasser gebildet, das teils als Wasser, teils als Dampf in die Röhre B übergegangen ist, wo dessen ganze Menge, ohne daß etwas in die Luft entweichen kann, aufgesammelt wird. Das rote Pulver, welches in der Kugel zurückgeblieben, ist reines metallisches Kupfer. Nun wollen wir die beiden Röhren wiederum wägen. Zuerst die Röhre A. Diese wiegt weniger als vorher, weil sie etwas, das Gewicht besitzt (nämlich Sauerstoff), verloren hat. Dann die Röhre B. Diese wiegt mehr, weil sie etwas, das Gewicht besitzt (nämlich Wasser), aufgenommen hat. Wir erhielten:

	Gramm
1) das Gewicht der Röhre A (mit dem Kupferoxyd) vor dem Versuche	36,76

	Gramm
2) dasselbe nach dem Versuche	34,76
der Unterschied dieser Gewichte ist der durch das Entweichen des Sauerstoffes herbeigeführte Verlust	2,00
3) das Gewicht der Röhre B vor dem Versuche	27,03
4) dasselbe nach dem Versuche	29,28
der Unterschied dieser Gewichte ist die durch die Aufnahme des Wassers erfolgte Gewichtszunahme	2,25

Welchen Schluß müssen wir aus diesem höchst wichtigen Versuche ziehen? Die Antwort ist einleuchtend — daß 225 Gewichtsteile Wasser 200 Gewichtsteile Sauerstoff enthalten. Da nun im Wasser nichts weiter als Wasserstoff und Sauerstoff vorhanden ist, so muß der Rest, d. h. die übrigen 25 Gewichtsteile, aus Wasserstoff bestehen. Auf zwei Gewichtsteile Wasserstoff, die das Wasser enthält, kommen also sechzehn Teile Sauerstoff.

Dasselbe Verhältnis wird stets gefunden, wenn der Versuch mit Sorgfalt ausgeführt wird. Daraus ergibt sich aber das erste große Gesetz der Chemie, welches für jede chemische Verbindung gilt und besagt, daß derselbe chemische Körper immer dieselben Mengen von seinen Bestandteilen enthält. Achtzehn Gewichtsteile Wasser sind immer aus sechzehn Gewichtsteilen Sauerstoff und zwei Gewichtsteilen Wasserstoff zusammengesetzt.

Wasser. § IX.

21. Welcher Unterschied besteht zwischen Meerwasser und Brunnenwasser?

Wir wissen, daß das Meerwasser salzig ist, oder daß es Salz aufgelöst enthält. Man kann sich leicht Salzwasser darstellen, indem man etwas Kochsalz in Wasser wirft; das feste Salz verschwindet oder löst sich auf, und das Wasser wird salzig.

Versuch 21. — Dieses Salzigsein des Wassers können wir nur dadurch beseitigen, daß wir letzteres destillieren, d. h. daß wir es kochen, und den entweichenden Dampf auffangen und abkühlen. Wir können dies am besten in einer Glas-Retorte (Abb. 17)

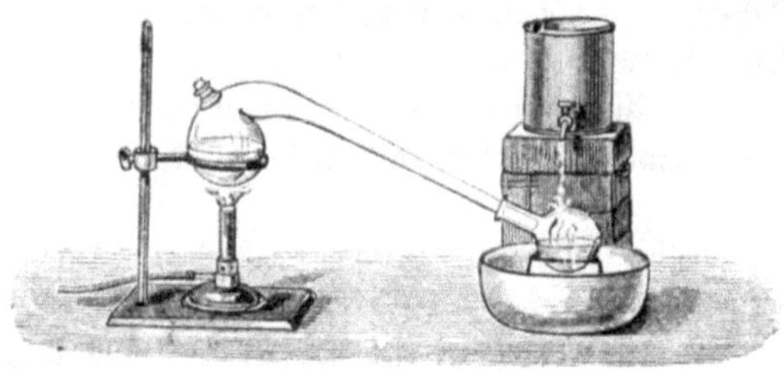

Abb. 17.

vornehmen. Wir kochen das Wasser mit einer Lampe, Dampf wird gebildet und geht durch den Hals der Retorte abwärts in den Kolben, über dessen Außenseite wir kaltes Wasser fließen lassen, um den Dampf innerhalb des Kolbens abzukühlen. Das destillierte Wasser schmeckt nicht mehr nach Salz; es ist reines, süßes Wasser, denn alles feste Salz bleibt in der

Retorte zurück, wovon wir uns, wenn wir das Wasser ganz verdampfen, leicht überzeugen können. Dieser Weg, aus dem Meerwasser süßes Wasser zu erhalten, wird an Bord der Schiffe oft eingeschlagen, denn das gewonnene Wasser ist brauchbares Trinkwasser. Auch manches Brunnen- oder Flußwasser enthält aufgelöstes Kochsalz, jedoch nur in so kleinen Mengen, daß es nicht salzig schmeckt. Indessen besitzt der Chemiker noch ein viel feineres und empfindlicheres Mittel, als seine Zunge um das Vorhandensein von Salz in Wasser nachzuweisen. Ein Versuch wird uns dies zeigen.

22. Nachweisungsmittel für Kochsalz.

Versuch 22. — Wir nehmen zwei große, reine Gläser, füllen sie mit destilliertem Wasser oder reinem Regenwasser, werfen in das eine ein Körnchen Kochsalz, so groß wie ein Stecknadelkopf, und rühren das Wasser gut um, bis das Salz ganz aufgelöst ist. Wir versuchen nun, das Salz in dem Wasser zu schmecken. Dies gelingt uns nicht. Nehmen wir aber die mit „Salpetersaures Silber" bezeichnete Flasche und gießen vorsichtig drei oder vier Tropfen der Flüssigkeit mitten in die beiden Gläser hinein, so werden wir bald in dem Wasser, zu welchem wir das Salzkörnchen gefügt, eine weiße Wolke schwimmen sehen, während das andere, reine Wasser klar und hell bleibt. So kann also der Chemiker durch seine Nachweisungsmittel und Versuche die Gegenwart von Körpern auffinden, die der gewöhnliche Beobachter übersieht, oder die er nicht sehen kann. Später werden wir erfahren, was hier vorging, als sich diese weiße Wolke bildete. (Siehe Versuch 54.)

23. Lösung und Kristallisation.

Noch viele feste Körper lösen sich leicht im Wasser auf, z. B. Zucker, Soda, Alaun. Andere lösen sich nur schwer, z. B. Gips. Andere wieder lösen sich in gewöhnlichem Wasser gar nicht auf, z. B. Feuerstein, Sand, Kreide.

Versuch 23. — Bringen wir 50 Gramm kristallisierte Soda in ein Glas und fügen dazu 25 Gramm oder ungefähr ein Probierrohr voll heißes Wasser, so werden die Stückchen beim Umrühren alle aufgelöst werden. Wenn wir nun diese Lösung der Soda ab-

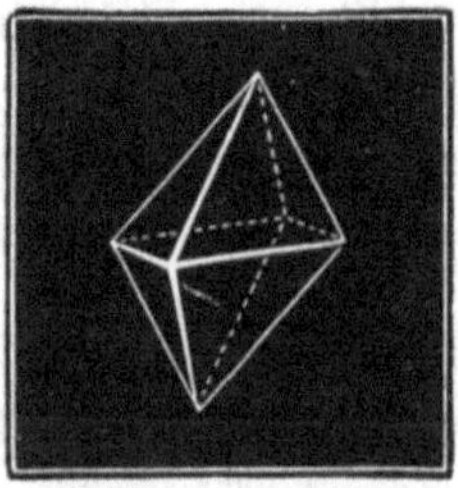

Abb. 18 — Soda.

kühlen lassen, werden wir bemerken, daß Teilchen fester Soda an den Glaswänden in Form kleiner, hellglänzender Massen, die man Kristalle nennt, sichtbar werden. Man sagt die Lösung kristallisiert.

Wenn wir die Gestalt der Kristalle näher betrachten, so finden wir sie alle gleich, nur mit dem Unterschiede, daß die einen etwas größer, die anderen kleiner sind.

Denselben Versuch wollen wir nun mit 25 Gramm Alaun und 25 Gramm oder einem Probierrohr voll Wasser anstellen. Die Kristalle des Alauns kommen allmählich zum Vorschein; sie haben eine ganz andere Form als die Kristalle der Soda, wie wir aus der beistehenden Zeichnung ersehen können.

Versuch 24. — Wir wollen ebenso auch noch mit Kupfervitriol oder schwefelsaurem Kupfer verfahren und werden finden, daß langsam blaue Kristalle sich bilden und die Gestalt annehmen, welche die Abbildung zeigt.

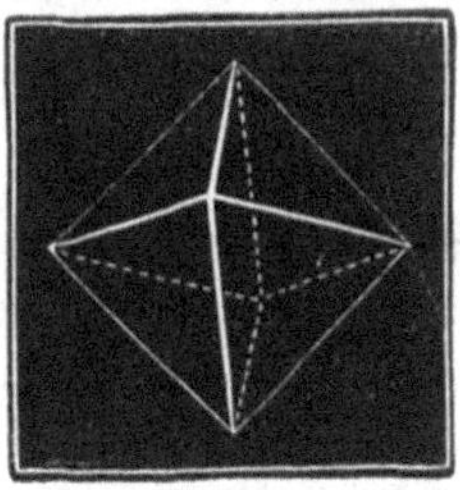

Alaun.

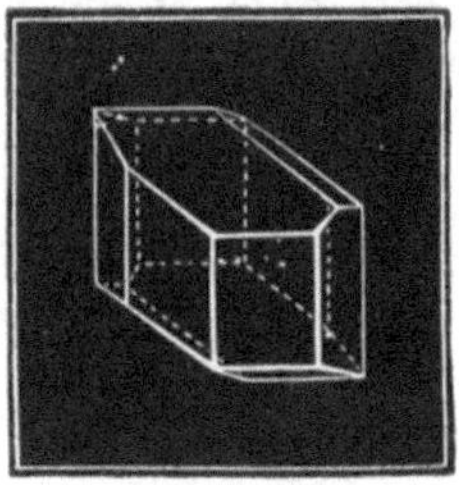

Kupfervitriol.

Abb. 19.

Nun wollen wir 10 Gramm gepulverten Alaun und die gleiche Menge gepulverten Kupfervitriol in einer Reibschale innig untereinander mischen, die Mischung in 20 Gramm heißem Wasser auflösen und die Lösung erkalten lassen. Wenn wir jetzt genau beobachten, was sich ausscheidet, so bemerken wir, daß die farblosen Kristalle des Alauns sich bilden, und daß daneben auch die blauen Kristalle des Kupfervitriols erscheinen. Die zwei verschiedenen Salze können also durch Kristallisation von einander getrennt werden; denn wollten wir uns Zeit genug nehmen, so könnten wir alle Alaunkristalle auslesen und für sich aufsammeln und alle

Kupfervitriolkristalle zurücklassen. Dies zeigt uns, auf welche Weise die Natur Dinge von einander trennt, die verschieden sind, und es ist offenbar, daß viele Gesteine und Mineralien unserer Erdmasse der Kristallisation ihre Entstehung verdanken. Wir finden nämlich, daß Kalkspat, Flußspat, Schwerspat, Feldspat und Quarz sämtlich kristallinische Mineralien sind, die auf mancherlei Art (und wir können nicht immer genau sagen, wie) in der Erde durch Kristallisation erzeugt wurden.

Wasser. § X.

24. Regen ist destilliertes Wasser.

Wenn wir darüber nachdenken, woher der Regen stammt, so werden wir bald darauf kommen müssen, daß der Regen die reinste Art von Wasser ist, die wir auf der Erde finden. Denn der Regen entsteht aus den Wolken durch Verdichtung oder Flüssigwerden der in der Luft enthaltenen Feuchtigkeit. Wenn der warme Wind über den Ozean bläst, nimmt er viel Feuchtigkeit in Form von Dunst oder Wasserdampf auf, eben solchen Dampf, wie er aus der Retorte übergeht. Wenn nun diese warme und feuchte Luft an einen anderen, kälteren Ort kommt, wird sie ebenfalls kälter und kann infolgedessen nicht mehr so viel Feuchtigkeit in Form von Dampf bei sich behalten, als wenn sie warm bliebe. Daher fällt diese Feuchtigkeit in Tropfen als Regen nieder. Der Regen ist also destilliertes Wasser, und wir ersehen hieraus, daß auf unserer Erde fortwährend ein riesenhafter Destillationsvorgang stattfindet. Ein wenig Nachdenken wird uns erkennen lassen, daß jeder Tropfen laufenden Wassers auf dem Erdball einst als Regen von dem Meere abdestilliert worden ist, und auch wieder dorthin (vergl. Physikal. Geographie, Abschnitt 83—90 und 103—132) zurückkehrt.

25. Aufgeschwemmte (suspendierte) und aufgelöste Verunreinigungen.

Nimmt das aus unseren Brunnen, Bächen und Flüssen dem Meere zulaufende Wasser irgend etwas mit sich fort? Nun, wir werden sogleich sagen: Ja, sicher; es spült Sand, Erde und Schmutz weg und führt sie dem Meere zu. Davon können wir uns leicht überzeugen, sogar wenn wir vom reinsten Flußwasser nehmen und dasselbe kurze Zeit stehen lassen. Es scheidet

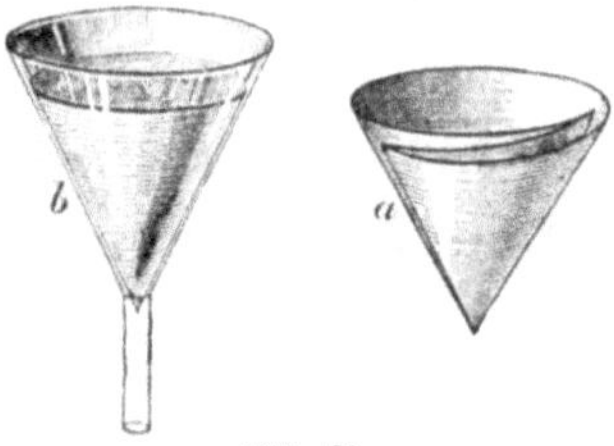

Abb. 20.

sich dann immer ein Absatz aus, der zu Boden fällt. Der Sand und Schmutz, den die Flüsse hinaus in das Meer tragen, kann von dem Wasser durch Filtration getrennt werden. Diese besteht darin, daß man das schmutzige Wasser durch ein Stück lockeres Papier, Löschpapier oder Filtrierpapier gießt, welches vorher auf die in der Abbildung angegebene Weise in einen Trichter gelegt wurde; oder aber, daß man es durch

Sand, durch Schwamm oder Holzkohle sickern läßt, was bei den Filtriervorrichtungen, die man in manchen Häusern findet, der Fall ist.

Versuch 25. — Wir werden auch leicht begreifen, daß nur solche Körper, die in dem Wasser als feste Teilchen aufgeschwemmt oder suspendiert sind, auf diese Weise entfernt werden können. Kein Filtrierverfahren, sei es so vollkommen als es wolle, kann aufgelöste Körper aus dem Wasser beseitigen. Fügen wir einige Tropfen blauer Indigo-Lösung zu Wasser und filtrieren dasselbe darauf durch ein Papierfilter; es zeigt sich, daß wir nicht im stande sind, die Farbe wegzuschaffen, eben weil der Indigo im Wasser aufgelöst ist. Wenn man das Wasser von dem blauen Indigo befreien will, so muß man es in einer Retorte destillieren.

26. Hartes und weiches Wasser.

Versuch 26. — Das zum Meere zurückfließende Wasser nimmt jedoch auch Körper, die es in Lösung hält, mit sich fort. Wenn wir klares Brunnenwasser oder filtriertes Flußwasser in einer reinen Porzellanschale abdampfen (Abb. 21), bis alles Wasser verschwunden ist, so werden wir finden, daß immer ein fester Rückstand sich zeigt, während, wenn wir destilliertes Wasser verdampfen, kein fester Rückstand übrig bleibt. Dies kommt daher, daß das Regenwasser, welches auf die Erde fällt und durch den Boden und die Gesteine sickert, immer etwas findet, was es auflösen und mit sich fortnehmen kann. So werden dem Meere fortwährend lösliche Körper zugeführt, die vom Lande kommen, und ersteres muß deshalb, wenn auch sehr langsam, immer unreiner werden.

Abb. 21.

Die Art der Körper, welche das Regenwasser auf seinem Wege zum Meere in Lösung bringt und aufnimmt, wird natürlich von der Art der Gesteine und des Bodens, durch welche es läuft, abhängen und wir gehen nicht irre, wenn wir sagen, auch von der Art des Schmutzes, den die an diesem Wege wohnenden Menschen hineinwerfen. Einige Quellen sind sogar salziger als das Meer selbst, weil das Wasser, welches sie speist, über ein Lager oder Bett von Steinsalz im Innern der Erde fließt.

Von vielem Quell- und Flußwasser sagt man, es sei hart, während Regenwasser immer weich ist. Ein Wasser ist hart, wenn Seife nicht sogleich Schaum mit demselben bildet, sondern einen Bodensatz oder Gerinnsel in der Flüssigkeit erzeugt. Wir wollen sehen, ob wir ausfindig machen können, woher dies kommt, und zu diesem Zwecke einen Versuch anstellen.

27. Was macht das Wasser hart?

Versuch 27. — Nehmen wir ein wenig gepulverten Gips und bringen denselben in eine große mit destilliertem oder Regenwasser (weichem Wasser) gefüllte Flasche. Dann schütteln wir das Wasser und den gepulverten Gips eine Zeit lang tüchtig durcheinander und filtrieren nachher das Ganze durch ein Papierfilter. Das durchgelaufene Wasser wird ganz klar sein, aber es ist hart geworden. Wir können uns davon leicht überzeugen, indem wir unsere Hände in diesem Wasser mit Seife waschen, oder besser, indem wir zuerst etwas Seife in heißem Wasser auflösen (wie es zur Herstellung von Seifenblasen geschieht), und dann ein wenig von der klaren Seifenlösung in das harte Wasser hineintröpfeln. Wir werden finden, daß die Seife das Wasser anfangs nicht schaumig macht, sondern Gerinnsel erzeugt, bis wir mehr Seifenlösung zugefügt haben, worauf dann das Schäumen eintritt.

Wir lernen hieraus, daß die Härte des Brunnen- oder Flußwassers dadurch verursacht werden kann, daß es Gips oder schwefelsauren Kalk gelöst enthält. Wenn wir das auf eben angegebene Weise mit Gips hart gemachte Wasser kochen, so tritt keine Veränderung ein; das gekochte Wasser ist, nachdem es wieder kalt geworden, eben so hart wie vorher.

Wasser. § XI.

28. Hartes kalkhaltiges Wasser wird durch Kochen weich.

Es gibt indessen noch eine andere Art von hartem Wasser, mit der wir uns bekannt machen müssen. Wir haben schon (in Versuch 7) erfahren, daß die aus der Lunge ausgeatmete Luft Kohlensäure enthält und daß, wenn wir diese Luft durch etwas klares Kalkwasser blasen, ein weißes unlösliches Pulver, welches Kreide oder kohlensaurer Kalk ist, in dem Wasser gebildet wird, wodurch letzteres bald ganz milchig erscheint.

Versuch 28. — Wiederholen wir Versuch 7, blasen aber eine viel größere Menge Luft durch das Kalkwasser, als wir vorher taten. Wenn wir lange genug — vielleicht 5 Minuten — blasen, so werden wir bemerken, daß die Trübung zu verschwinden beginnt und das Wasser klarer wird. Wir mögen nicht im stande sein, das Wasser vollständig klar zu machen; wenn nicht, können wir jetzt die Flüssigkeit durch ein Papierfilter filtrieren. Durch dasselbe geht ein klares Wasser hindurch, welches jedoch, wie wir durch den Versuch mit der Seife finden werden, ganz hart ist. Was kann hier geschehen sein? Nun, die Kohlensäure aus unserer Lunge vermag den kohlensauren Kalk aufzulösen (der, wie wir wissen, in reinem Wasser gar nicht löslich ist). Also erhalten wir ein klares Wasser, das hart ist, weil es durch Kohlensäure gelösten kohlensauren Kalk enthält. Es ist uns aber bekannt, daß Kohlensäure ein Gas ist; kochen wir das Wasser, welches wir eben hart gemacht haben, so wird alles Kohlensäuregas ausgetrieben, und der durch die Kohlensäure gelöst gewesene kohlensaure Kalk wird als ein weißes Pulver ausgeschieden werden. Wir können uns leicht davon überzeugen, indem wir das hart gemachte Wasser in einem Glaskolben kochen. Wenn wir das gekochte Wasser filtriert haben, werden wir (durch die

Seifenprobe) finden, daß es nicht mehr hart, sondern durch das Kochen weich geworden ist. Ein anderer Weg, auf welchem Wasser, das sich als hart erweist, weil es durch Kohlensäure aufgelösten kohlensauren Kalk enthält, in weiches übergeführt werden kann, ist der, daß man zu dem harten Wasser klares Kalkwasser fügt. Der Kalk verbindet sich chemisch mit der Kohlensäure zu Kreide oder kohlensaurem Kalk, welcher als unlösliches Pulver zusammen mit dem schon ursprünglich vorhandenen kohlensauren Kalk niederfällt. Auf die letztere Weise kann hartes kalkhaltiges Wasser leicht in großem Maßstabe weich gemacht werden.

29. Das Wasser verschiedener Flüsse zeigt verschiedene Härte.

Das harte kalkhaltige Wasser unterscheidet sich also von dem harten Gipswasser insofern, als wir das erstere durch Kochen oder Versetzen mit Kalkwasser in weiches überführen können, während dies beim letzteren nicht möglich ist. Wenn das Regenwasser durch Gesteine sickert, welche Gips enthalten, so werden in deren Gebiet die Quellen und Flüsse, z. B. die Werra, der Neckar, die Zorn, durch den Gips hart. Der Regen, obgleich reiner als jede andere Art laufenden Wassers, ist jedoch nicht ganz rein; denn er enthält Kohlensäuregas aufgelöst, welches er aus der Luft aufnimmt (Versuch 9). Wenn nun Regenwasser durch ein Kalksteingebiet fließt, oder durch Kreidefelsen oder Kalkboden dringt, so löst die Kohlensäure etwas von dem kohlensauren Kalk auf, und wir finden dann durch kohlensauren Kalk hart gewordenes Wasser, z. B. in der Lippe, der Saar, dem Lech. Die Steinrinden oder Absätze, die oft in den Kesseln und Kochtöpfen gefunden werden, sind im allgemeinen nichts weiter, als dieser kohlensaure Kalk, welcher sich beim Kochen langsam ausscheidet und an den Boden oder die Wände des Kessels als eine harte Kruste fest ansetzt.

Wenn der Regen auf ein Granitgebiet fällt, in dem weder Kalk noch Gips vorhanden ist, so bleibt das Wasser weich, weil es keinen hartmachenden Körper aus dem Boden aufnehmen kann, wie dies die Kinzig zeigt.

30. Das aus den Städten kommende Wasser ist unrein.

Wenn Wasser durch eine Stadt fließt, und besonders, wenn deren Abzugskanäle in dasselbe münden, so wird es unrein, weil sich ihm die Abflüsse aus den Häusern beimischen. Dann ist es zum Trinken völlig unbrauchbar, ja es kann tatsächlich hierdurch vergiftet und infolgedessen die Ursache von Krankheiten werden. Manchmal kann das klarste, perlende Wasser Fäulnisstoffe enthalten, wenn es aus dem Bereiche von Städten, zumal aus der Nachbarschaft von deren Abzugskanälen, stammt. Aus diesem Grunde werden unsere meisten großen Städte jetzt mit reinem Wasser versorgt, welches in einiger Entfernung von der Stadt in großen Behältern gesammelt und von da durch eiserne oder bleierne Röhren in jedes Haus geleitet wird. Dadurch erreicht man, daß es nicht durch Vermischung mit faulendem Spülwasser und Jauche verdorben werden kann.

31. Wasser löst Gase auf.

Auch Gase werden vom Wasser aufgelöst und zwar einige in weit größerer Menge als andere. Wir haben gesehen, daß Kohlensäuregas aus der Luft vom Regenwasser aufgenommen wird; im künstlichen Selterswasser ist so viel von diesem Gase aufgelöst, daß es mit Heftigkeit entweicht, wenn die Flasche entkorkt wird. Fast ebenso beträchtliche Mengen lösen sich oft im Wasser auf, wenn dieses in der Tiefe der Erde mit Kohlensäuregas zusammentrifft, und es entstehen dann die als Säuerlinge bezeichneten Mineralwasser, welche in den Quellen zu Selters, Kissingen, Sulzmatt u. s. w. zu Tage treten. Aber nicht bloß die Kohlensäure, sondern selbst die Luft ist im Wasser löslich, und der aufgelöste Sauerstoff gibt dem Brunnenwasser seinen erfrischenden, angenehmen Geschmack. Wenn wir das Brunnenwasser kochen, entweicht die darin aufgelöste Luft; und wenn es darauf wieder kalt geworden ist, finden wir daher, daß das Wasser fade und matt schmeckt. Der im Fluß- und Seewasser aufgelöste Sauerstoff ist für das Leben der Fische notwendig; denn sie gebrauchen zum Atmen eben so gut Sauerstoff, wie die Tiere, welche in der Luft leben. Woher nehmen sie diesen Sauerstoff? — Nicht von der Sauerstoffmenge, die mit dem Wasserstoff zu Wasser verbunden ist, sondern von dem Sauerstoffgase, welches in dem Wasser aufgelöst ist. Die Fische lassen große Mengen Wasser durch ihre Kiemen streichen und während des Durchgangs durch letztere entziehen sie dem Wasser den aufgelösten Sauerstoff. Wenn wir einen lebenden Fisch in Wasser werfen, das vorher tüchtig gekocht und dann, ohne daß Luft Zutritt finden konnte, wieder abgekühlt worden ist, so wird der Fisch sterben, weil das Wasser nun keinen aufgelösten Sauerstoff mehr enthält, der ihm zum Atmen nötig ist.

Erde. § XII.

32. Von der Erde.

Wir haben bis jetzt einiges über das Feuer, die Luft und das Wasser erfahren; sehen wir nun, was wir in Bezug auf die Erde oder die feste Masse, aus der unser Erdball aufgebaut ist, lernen können.

Feuer, Luft und Wasser sind ziemlich einfache Dinge:

Feuer ist die Wärme, welche entsteht, wenn Körper verbrennen oder sich chemisch mit einander verbinden.

Luft ist die Mischung von zwei Gasen, von Sauerstoff und Stickstoff, die um uns herum den Raum erfüllt, und die wir zum Atmen gebrauchen.

Wasser ist die Flüssigkeit, welche die Erde umgibt und welche aus zwei chemisch mit einander verbundenen Gasen, aus Sauerstoff und Wasserstoff, besteht.

Die Erde bietet uns bei der Untersuchung viel schwierigere und verwickeltere Aufgaben, weshalb wir in diesem Buche nur einen sehr kleinen Teil der Chemie der Erde behandeln können.

Wir wollen mit der Tatsache beginnen, daß der feste Körper, den wir Erde nennen, nur deshalb fest ist, weil er nicht heiß ist. Alle festen Gegenstände können geschmolzen und flüssig gemacht werden, man braucht sie nur heiß genug zu machen. Eisen wird in den Eisengießereien geschmolzen, so daß es fließt wie Wasser; Glas schmilzt man ebenfalls und gießt Spiegelscheiben daraus. Ebenso können alle festen Felsmassen und Steine geschmolzen und flüssig wie Wasser gemacht werden; sie lassen sich sogar wie Wasser zum Kochen bringen und in Dampf überführen, wenn sie nur stark genug erhitzt werden. In der Tat ist das Innere der Erde heiß genug, um Felsmassen zu schmelzen; deshalb sehen wir, daß aus Vulkanen (oder feuerspeienden Bergen) oft weißglühende, flüssige Felsmassen (Lava genannt) herausgeworfen werden, die bisweilen über eine Stadt wegfließen, wie über Herkulanum in der Nähe des Vesuvs, und alles verbrennen und verschütten, was ihnen in den Weg kommt.

Fassen wir nun einige verschiedene Arten von Körpern aus der Erde näher ins Auge und sehen wir, aus was sie bestehen und was sich aus ihnen darstellen läßt.

33. Darstellung von Kohlensäuregas aus kohlensaurem Kalk oder Kreide.

Versuch 29. — Wir nehmen einige Stücke Kreide oder Kalkstein oder Marmor (alle diese Dinge sind derselbe chemische Körper) und bringen sie in eine mit Kork, gebogenem Rohr und Trichterrohr versehene Flasche.

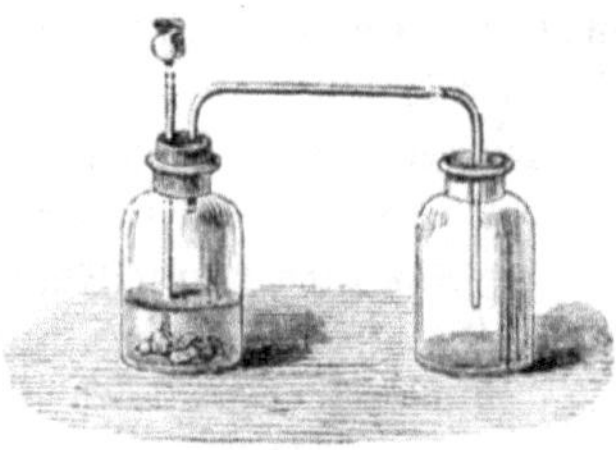

Abb. 22.

Gießen wir nun etwas Wasser und ein wenig „Salzsäure" in die Flasche, so werden wir in der Umgebung der Stücke ein Aufbrausen wahrnehmen; und wenn wir das Ende der gebogenen Röhre in ein mit Wasser gefülltes Glas tauchen, so werden wir Gasblasen durch das Wasser hindurchstreichen sehen. Wir wollen jetzt das Wasser enthaltende Glas mit einer leeren Flasche vertauschen, und das Gas aus der Röhre in dieselbe einströmen lassen. Nach einigen Minuten führen wir in diese Flasche eine brennende Kerze ein; sie wird sofort ausgelöscht werden. Dann gießen wir etwas klares Kalkwasser in die Flasche; es wird getrübt werden. Hierauf stellen wir das brennende Licht auf den Boden einer Flasche, die Luft enthält, und gießen das Gas aus der ersten Flasche (als ob es Wasser wäre) auf das brennende Licht; wir werden bemerken, daß das letztere bald erlischt. Was ist nun das Gas, welches wir aus der Kreide oder dem Marmor erhalten haben? Es ist Kohlensäuregas; denn es löscht die Flamme aus, es trübt Kalkwasser und ist soviel schwerer als die Luft, daß wir es wie Wasser aus einem Gefäß in ein anderes gießen können. Dieses Kohlensäuregas ist in der Kreide gebunden; wenn wir aber eine andere Säure auf sie gießen, so wird dasselbe frei gemacht. Was enthält die Kreide außerdem noch? muß nun unsere letzte Frage lauten. Wir wollen ein Stück Kreide, Kalkstein oder Marmor ins Feuer bringen, so daß es stark erhitzt wird, und dann sehen, was dadurch geschieht. Wenn wir den Stein aus dem Feuer herausnehmen, werden wir finden, daß er durch das Brennen verändert worden ist. Gießen wir Säure darauf, so werden keine Blasen sichtbar, er hat also durch das Brennen seine Kohlensäure verloren. Wenn wir aber Wasser darauf gießen, bemerken wir, daß der feste Körper in Pulver zerfällt und so heiß wird, daß er das Wasser zum Kochen bringt. Demnach hat folgender Vorgang stattgefunden: Durch das Erhitzen hat der Kalkstein oder Marmor seine Kohlensäure verloren, und es ist gebrannter Kalk zurückgeblieben (gerade so wie in den Kalköfen); gießen wir nun Wasser auf den gebrannten Kalk, so wird er gelöscht, d. h. er verbindet sich mit dem Wasser. Daraus ersehen wir also, daß die Kreide oder der Marmor eine chemische Verbindung von gebranntem Kalk mit Kohlensäure ist, und ferner, daß wir auch aus einem zur Erde gehörigen Körper ein Gas zu erhalten im stande sind.

Erde. § XIII.

34. Darstellung von Sauerstoffgas.

Versuch 30. — Wir wollen jetzt zu einem anderen erdigen Körper übergehen, der nicht so gewöhnlich wie die Kreide ist, der uns aber einige wichtige Dinge lehren wird. Wir schütten ein wenig von dem roten

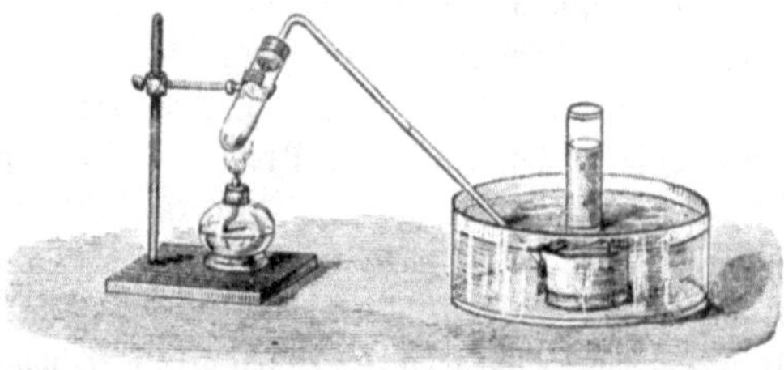

Abb. 23.

Pulver aus der mit „Quecksilberoxyd" bezeichneten Flasche in eine kleine Röhre von schwer schmelzbarem Glase, verschließen diese mit einem Korke, der ein gebogenes Glasrohr trägt und spannen sie in einen Halter ein. Erhitzen wir nun das rote Pulver, so wird es bald dunkler gefärbt, und nach und nach setzt sich ein glänzender, weißer Körper an den kalten Wänden der Röhre ab. Zugleich sehen wir, daß aus der Mündung des gebogenen Rohres Gasblasen entweichen, und wir können diese in einer mit Wasser gefüllten Röhre, welche in der Wanne steht, auffangen. Um zu erfahren, was dieses Gas ist, bringen wir einen glimmenden Holzspan in dasselbe und erkennen sofort, daß es Sauerstoff ist, da augenblicklich die Entflammung des glimmenden Spanes erfolgt. Wir erhitzen aber das rote Pulver so lange, bis es ganz verschwunden und vollständig in Sauerstoff und den glänzenden, sich an die Röhre ansetzenden Körper umgewandelt ist. Wenn dies geschehen, müssen wir den Kork samt dem gebogenen Glasrohr von der Röhre abnehmen, um zu verhindern, daß das Wasser beim Entfernen der Lampe in die Röhre zurücksteigt. Sobald das Ganze kalt geworden ist, schieben wir den glänzenden Anflug mit einem Stückchen Holz zusammen, und finden alsdann, daß sich blanke, flüssige Metalltropfen aus der Röhre ausgießen lassen. Diese Tropfen sind Quecksilber.

Wir haben also gelernt, daß das rote Pulver durch Erhitzen in zwei Körper zerlegt werden kann: 1) in Sauerstoffgas, 2) in das Metall Quecksilber. Das rote Pulver gibt, woher es auch stammen mag, nicht nur immer Quecksilber und Sauerstoff beim Erhitzen, sondern dasselbe Gewicht dieses roten Pulvers liefert auch immer dasselbe Raummaß Sauerstoff und dieselbe Menge Quecksilber.

Wir begreifen nun, daß dies Pulver Quecksilberoxyd genannt wird, weil es eine chemische Verbindung von Sauerstoff mit Quecksilber ist. Niemand hätte vorhersagen können, daß es aus diesen zwei ganz verschiedenen Körpern bestehe; es ist dies eine Tatsache, die nur durch einen Versuch oder ein Experiment festgestellt werden kann. Die Chemiker haben aber gefunden, indem sie das rote Pulver und das daraus erhaltene Quecksilber und Sauerstoffgas gewogen haben, daß 216 Pfund rotes Quecksilberoxyd immer 200 Pfund metallisches Quecksilber und 16 Pfund Sauerstoffgas liefern. Daraus ergibt sich also wieder der Beweis, daß dieselbe chemische Verbindung immer eine feste und unveränderliche Zusammensetzung besitzt.

35. Die Metalle werden durch Oxydation schwerer.

Beinahe alle erdigen Körper und festen Gesteine, welche wir um uns herum erblicken, enthalten Sauerstoff, der mit irgend etwas anderem zu Oxyden verbunden ist. Es können sich alle Metalle, wie Eisen, Kupfer, Silber, Zink, Blei, gleich dem Quecksilber mit Sauerstoff zu Oxyden verbinden, und die Oxyde sind immer schwerer als die darin enthaltenen Metalle, weil der Sauerstoff, der Gewicht besitzt, zu ihnen hinzugekommen ist.

Versuch 31. — Um zu zeigen, daß sich dies wirklich so verhält, nehmen wir einen kleinen Hufeisenmagneten und tauchen die Enden desselben in feine Eisenfeile, die sich, eine Art kleiner Bürste bildend, an den Magneten festheften wird. Hierauf hängen wir den Magneten mitsamt der daran befindlichen Eisenfeile an das eine Ende eines Wagebalkens und stellen, indem wir auf die Wageschale am anderen Ende desselben Gewichte legen, vollkommenes Gleichgewicht der Wage her. Bringen wir nun die Flamme einer Lampe unter die Eisenfeilspäne, die an dem Magneten hängen, so werden wir sehen, daß dieselben Feuer fangen und

Abb. 24.

brennen, d. h. daß sie sich mit dem Sauerstoff der Luft zu Eisenoxyd verbinden, welches derselbe Körper wie Eisenrost ist. Wenn sich genug Eisenfeile an unserem Magneten befindet, werden wir bemerken, daß die Wage dabei nicht im Gleichgewichte bleibt, sondern daß der Eisenrost schwerer ist als die Eisenfeilspäne.

36. Metalle, die in erdigen Körpern enthalten sind.

Aus den beiden letzten Versuchen ersehen wir, daß ein erdig aussehender Körper ein blankes Metall enthalten kann. Um dies noch besser zu beweisen, wollen wir ein oder zwei weitere Versuche anstellen.

Versuch 32. — Wir nehmen einen kleinen Kristall von Kupfervitriol oder schwefelsaurem Kupfer, lösen diesen in einem Probierrohr in etwas heißem Wasser auf und stellen dann die reine Klinge eines Messers oder ein anderes Stück blankes Eisen in die blaue Lösung. Nach einer halben Minute nehmen wir das blanke Eisen heraus und bemerken nun, daß es, soweit es in die blaue Lösung eintauchte, rot gefärbt ist.

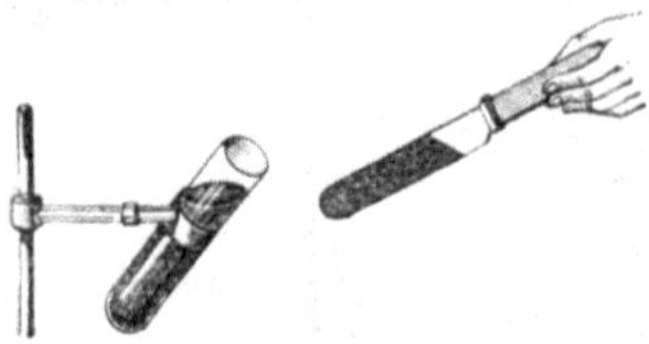

Abb. 25.

Reiben wir das Eisen, so werden wir die glänzende rote Farbe von metallischem Kupfer erhalten. Bringen wir das Eisen wieder zurück in die Lösung und lassen es dort einige Zeit stehen, so werden wir finden, daß mehr Kupfer in Form eines braunen Pulvers auf dem Eisen niedergeschlagen wird und daß endlich die blaue Farbe verschwindet. Wenn wir jetzt ein Stück reines Eisen in die Lösung stellen, so wird kein weiterer roter Niederschlag gebildet werden, und somit haben wir zwei Anzeichen dafür, daß alles Kupfer aus der Lösung ausgefällt ist.

Versuch 33. — Nehmen wir 10 Gramm des weißen, festen, mit „Essigsaures Blei" bezeichneten Körpers, der gewöhnlich Bleizucker genannt wird, und bringen diese mit wenig Wasser in ein kleines, reines Glas, so erfolgt bald deren vollständige Auflösung. Ist dieselbe geschehen, so binden wir ein Stückchen Zink vermittelst eines Fadens so an ein Holzstäbchen, daß das Zink in die Flüssigkeit zu hängen kommt, wenn wir das Stäbchen quer über die Öffnung des Glases legen.

Abb. 26.

Lassen wir diese Vorrichtung einige Stunden stehen, so werden sich Kristalle von metallischem Blei am Zink absetzen und ein baumähnliches Gewächs bilden, woraus sich ergibt, daß die weißen Kristalle metallisches Blei enthalten.

Erde. § XIV.

37. Was ist Steinkohle?

Versuchen wir nun zunächst einiges über die Steinkohle zu erfahren.

Die Steinkohle enthält, wie wir wissen, Kohlenstoff; denn wir sahen, daß sie brennt und dabei Kohlensäuregas liefert, indem sie sich mit dem Sauerstoff der Luft verbindet. Die Steinkohle wird in den

„Gruben“ oder „Bergwerken“ gewonnen und findet sich bisweilen tief unter der Erde, bisweilen auch an oder nahe der Oberfläche derselben. Es läßt sich viel über die Steinkohle sagen, über die Art und Weise, wie sie entstanden ist, über das, was sie enthält, was wir aus ihr darstellen können und wozu wir sie benützen.

1. Wie ist die Steinkohle entstanden? Obgleich es seltsam erscheinen mag, so ist es doch wahr, daß die Steinkohle aus Resten von Pflanzen besteht, die einst vor langer Zeit auf der Oberfläche wuchsen, aber jetzt tief unter der Erde vergraben liegen. Wenn wir uns in eine Kohlengrube begeben, so werden wir an der Decke und auf dem Boden der Gänge die Abdrücke oder die Formen von Blättern und anderen Pflanzenteilen wahrnehmen, woraus wir mit Gewißheit folgern können, daß hier Pflanzen verschüttet worden sind. Wenn wir aus einem Stücke Steinkohle sehr dünne Schnitte herstellen, so können wir aus der Beschaffenheit derselben deutlich erkennen, daß wir es hier ausschließlich mit einer ehemals vegetabilischen (zu den Pflanzen gehörigen) Masse zu tun haben. (Vergl. Geologie, Abschnitt 117—137.)

2. Was enthält die Steinkohle und was können wir aus ihr darstellen? Die Steinkohle enthält Kohlenstoff. Wenn sie mit einer hellen Flamme verbrennt, entsteht, wie uns bekannt ist, Kohlensäure, und wenn sie mit einer rußenden Flamme verbrennt, können wir aus ihr schwarzen Ruß oder Kohlenstoff gewinnen. Die Steinkohle enthält indessen neben Kohlenstoff noch andere Dinge; auch Wasserstoff findet sich in derselben vor.

38. Bereitung des Leuchtgases.

Versuch 34. — Wir pulvern ein wenig Steinkohle und bringen sie dann in den Kopf einer gewöhnlichen langen Tonpfeife; hierauf verschließen wir die Öffnung mit einem Stopfen aus feuchtem Ton (der hergestellt wird, indem man etwas gepulverten Ton mit wenig Wasser vermischt) und lassen denselben trocken werden. Nachdem der Ton gut ausgetrocknet ist, befestigen wir den Kopf der Pfeife über der Flamme einer Gaslampe und sehen nun bald aus der Röhre einen gelben Dampf entweichen, der, wenn man ihn anzündet,

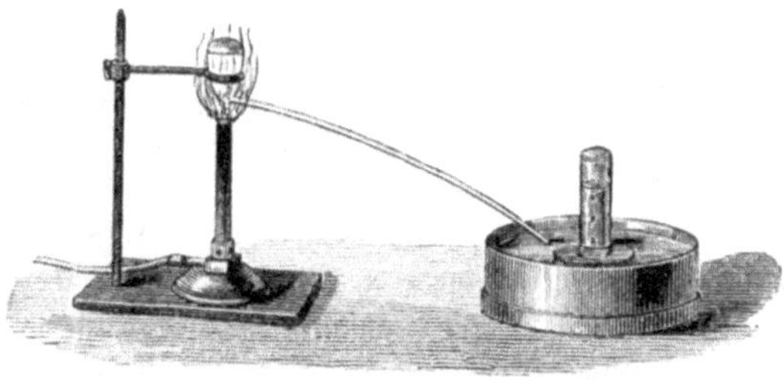

Abb. 27.

mit heller Flamme verbrennt. Dieser gelbe Dampf besteht aus Leuchtgas, doch ist es noch nicht gereinigt, wie das, welches wir in unseren Häusern brennen. Tauchen wir jetzt das Ende der Röhre unter Wasser, so bemerken wir, daß Gasblasen aufsteigen, und wenn wir ein Probierrohr voll Wasser mit nach unten gekehrter Öffnung über das Ende der Röhre halten, so können wir die Leuchtgasblasen auffangen; das Rohr wird sich mit Gas anfüllen, welches brennt, wenn man es einer Flamme nahe bringt. Das Gas aus der Steinkohle enthält Kohlenstoff; denn wir können, wenn es brennt, schwarzen Ruß aus seiner Flamme erhalten, und zudem bildet sich beim Brennen desselben Kohlensäuregas, wie wir leicht durch die Kalkwasserprobe nachweisen können. Ferner enthält dasselbe auch Wasserstoffgas; denn wenn wir ein trockenes, reines Glas über eine Leuchtgasflamme halten, so setzen sich in dessen Innern Wassertropfen ab, welche zeigen, daß sich der Wasserstoff des Leuchtgases mit dem Sauerstoff der Luft zu Wasser vereinigt hat.

Das Leuchtgas ist ein farbloses und unsichtbares Gas, es ist leichter als Luft und entzündlich. Dies alles können wir beobachten, wenn wir den Hahn einer gewöhnlichen Gaslampe öffnen und der Lampe von oben herab eine brennende Kerze nähern.

Alles Leuchtgas, welches man in unseren Städten verbraucht, wird auf die eben angegebene Weise dargestellt. Jedoch werden anstatt Tonpfeifen große, aus gebranntem Ton oder bisweilen aus Eisen verfertigte Gefäße angewandt, die Retorten genannt werden; anstatt eines Fingerhutes voll Kohle werden viele Tausende von Zentnern verbraucht; und zum Auffangen des Gases werden anstatt eines Probierröhrchens riesenhafte aus Eisenplatten hergestellte Gasometer benutzt.

Wenn der Pfeifenkopf kalt geworden ist, nehmen wir den Ton weg und werden nun in dem Kopfe graue Koks (die oft benützte Schreibweise Coaks ist unrichtig) vorfinden; dies ist ein Teil des reinen Kohlenstoffes der Steinkohle, der zurückgeblieben ist. Ein anderer

Teil des Kohlenstoffes und aller Wasserstoff der Steinkohle sind als Gas, Wasser und Teer fortgegangen; denn alle diese Körper werden gebildet, wenn Steinkohle destilliert oder so erhitzt wird, wie wir es getan haben.

Es gibt verschiedene Arten von Steinkohle; einige eignen sich nicht so gut zur Leuchtgasbereitung wie andere, weil die einen mehr Kohlenstoff und weniger Wasserstoff als die anderen enthalten und daher weniger Gas und mehr Koks liefern.

Außer Leuchtgas lassen sich noch viele andere Körper aus der Steinkohle gewinnen. So erhalten wir daraus Teer, welcher zum Teeren von Pfählen und anderen Holzgegenständen verwendet wird, um zu verhindern, daß dieselben im Wasser verfaulen; dann Pech, das zur Herstellung von Asphaltpflaster und Dächern benutzt wird. Doch das Wunderbarste ist, daß man aus der Steinkohle auch jene prachtvollen, roten, violetten, blauen und grünen Farben darstellt, die unter dem Namen Anilinfarben bekannt sind. Um zu verstehen, wie dies geschieht, müßten wir aber viel weiter vorgeschritten sein.

39. Verwendung der Steinkohle.

Es ist sehr schwer, mit wenigen Worten eine Vorstellung zu geben von der Wichtigkeit, welche die Steinkohle für uns gewonnen hat. Was würde Deutschland ohne Steinkohle sein? Fast unsere ganze Industrie beruht auf dem Vorhandensein billiger Steinkohle. Unser ganzes Wohlbehagen, ja die Möglichkeit unseres Daseins im Winter hängt von unserem Vorrat an diesem wichtigen Brennstoff ab. Was würden wir ohne Eisenbahnen und Dampfschiffe sein? Beide sind aber nur möglich, wenn wir Steinkohle haben. Indessen wird die Steinkohle nicht überall, sondern nur in gewissen Gegenden gefunden. Jene Gegenden nun, in denen Kohlen gewonnen werden, sind die Sitze der Industrie, während die anderen Länderstriche, in welchen keine Kohlen vorkommen, fast ausschließlich Ackerbau treiben. So haben wir in Oberschlesien Steinkohlen, Eisen- und Zinkwerke; in Sachsen Steinkohlen, Maschinenfabriken und Tuchwebereien; in Westfalen, in Lothringen und an der Saar Steinkohlen, Eisen-, Stahl- und Glashütten; aber in Oldenburg, Mecklenburg, Hessen und Unter-Elsaß, wo keine Steinkohlen angetroffen werden, finden wir keine großen Fabrikstädte; in diesen Ländern leben die meisten Menschen vom Getreidebau und der Viehzucht.

Erde. § XV.

40. Leuchtgas und Flamme.

Stellen wir nun noch einige Versuche mit dem Leuchtgase an und sehen wir, welche Aufschlüsse wir dabei über die Flamme erhalten können.

Versuch 35. — Woher kommt es, daß die Wasserstoffflamme (siehe Versuch 18) so wenig Licht von sich gibt, während die Leuchtgasflamme so viel Licht aussendet? Ein einfacher Versuch mit dem Bunsen'schen Gasbrenner wird uns dies bald erklären. Wenn wir die Löcher am Fuße der Lampe mit den Fingern zuhalten, so brennt das Gas, wie wir sehen, mit einer leuchtenden Flamme; wenn wir unsere Finger wegtun, erhalten wir eine nichtleuchtende, blaue Flamme. Die Verschiedenheit rührt daher, daß in der leuchtenden

Flamme Kohlenstoff oder Ruß in fein zerteiltem Zustande vorhanden ist, während dies bei der nichtleuchtenden blauen Flamme nicht der Fall ist. Halten wir ein Stück weißes Papier einige Sekunden lang über die leuchtende Flamme, so wird es durch Ruß schwarz, während dasselbe, wenn wir es über die blaue Flamme halten, nicht geschwärzt wird. In der leuchtenden Flamme ist die Verbrennung eine unvollständige; es werden feste Kohlenstoffteilchen ausgeschieden, welche die Flamme leuchtend machen. In der blauen Flamme aber wird aller Kohlenstoff vollständig durch die Luft verbrannt, die durch die runden Löcher bei *d* in die Lampe eintritt und sich innerhalb der Röhre *e* mit dem aus der Öffnung *a* ausströmenden Leuchtgase vermischt, bevor dieses aus der Lampe heraustritt und brennt.

Abb. 28.

Versuch 36. — Die verschiedenen Teile einer gewöhnlichen Kerzenflamme verdienen eine nähere Betrachtung, da wir durch dieselbe mancherlei lernen. Wenn wir die Flamme einer ruhig brennenden Kerze aufmerksam beobachten, so werden wir finden, daß die Flamme aus drei Teilen besteht. Es ist vorhanden:

1. ein dunkler Kegel im Innern der Flamme, der aus noch unverbranntem Gase besteht, welches von dem Dochte aufsteigt;

2. ein innerer, heller oder leuchtender Teil, in dem Ruß ausgeschieden, und von dem das Licht ausgesendet wird, in welchem also die Verbrennung eine unvollständige ist;

3. ein blauer, kaum sichtbarer, äußerer Teil oder Mantel, in dem die Verbrennung eine vollständige ist.

Die Kerze ist eigentlich ein kleines Gaswerk. Das Wachs, das Stearin oder der Talg ist der Stoff, welcher destilliert wird; der Docht ist die Retorte, in der die Destillation vor sich geht; und über und neben dem Dochte verbrennt das Gas.

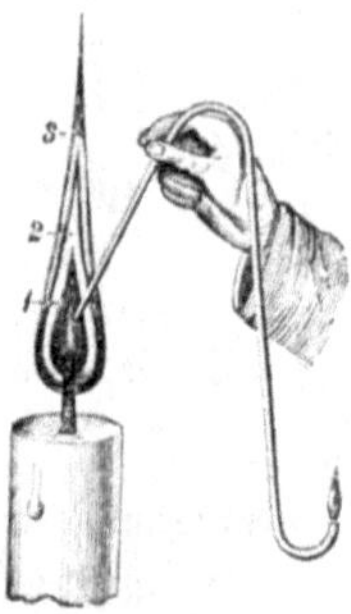

Abb. 29.

Wir können uns leicht davon überzeugen, daß der dunkle Kegel aus unverbranntem Gase besteht, indem wir eine kleine gebogene Glasröhre mit dem einen Ende in diesen Teil der Flamme halten. Das unverbrannte Gas strömt dann in die Röhre hinein und kann am anderen Ende derselben angezündet werden (siehe Abb. 29).

41. Explosionen in Kohlenbergwerken — was verursacht und wie verhindert man dieselben?

Wir haben alle schon von den schrecklichen Unglücksfällen gehört, die sich bisweilen in Kohlenbergwerken durch die sogenannten schlagenden Wetter oder das Grubengas ereignen. Mit diesem Namen bezeichnet man eine Art von Leuchtgas, welche, wenn sie mit Luft vermischt ist, explodiert oder mit großer Heftigkeit verbrennt und dadurch die Bergleute tötet. Da die Gruben dunkel sind, müssen die Bergleute Lampen mitnehmen, um bei ihrer Arbeit sehen und die Steinkohle gewinnen zu können. Wenn nun das Gas (oder der feurige Schwaden) aus der Steinkohle herausströmt, mischt es sich mit der Luft; das Gemisch fängt an der Grubenlampe des Bergmannes Feuer, explodiert und richtet großen Schaden an. Diese furchtbaren Explosionen können durch Benutzung der Davy'schen Sicherheits-Lampe verhindert werden. Versuchen wir uns klar zu machen, wie das möglich ist.

Versuch 37. — Wir nehmen ein Stück eines gewöhnlichen Eisendrahtgewebes, bringen es dicht über einen Gasbrenner oder eine Bunsen'sche Lampe, drehen dann den Gashahn auf und zünden das Gas oberhalb des Drahtnetzes an. Bewegen wir nun das letztere bis auf einige Zentimeter Entfernung von der Öffnung des Brenners aufwärts, so bleibt die Flamme immer oberhalb des Drahtnetzes (Abb. 30 *a*). Warum geht aber nur das Gas und nicht auch die Flamme durch seine Maschen hindurch? Weil das Metallgewebe die Hitze so schnell hinwegnimmt, daß das Gas nicht weiterbrennen kann.

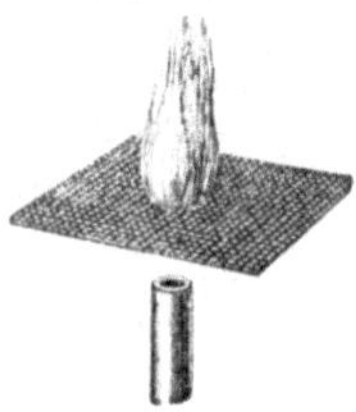

Abb. 30 *a*.

Setzen wir nun den Fall, wir würden um die ganze Flamme herum ein solches Drahtnetz anbringen, so würden wir die Flamme innerhalb desselben brennen sehen; sie würde Licht hergeben und durch die Maschen des Netzes Luft zum Brennen erhalten, aber die Flamme könnte sich nicht durch das Netz hindurch weiterverbreiten. Bedienen wir uns daher in einer Grube, wo schlagende Wetter vorkommen, einer solchen Sicherheits-Lampe, wie sie uns Abb. 30*b* zeigt, so kann das Grubengas durch sie nicht angezündet werden, weil die Flamme nicht durch das Drahtnetz hindurchschlagen kann. Dies ist der Grund, warum durch die Davy'sche Sicherheits-Lampe schon manches Menschenleben gerettet worden ist.

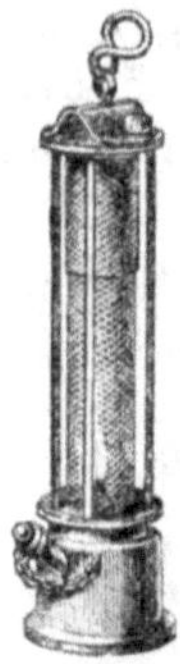

Abb. 30 *b*.

In Abb. 30*b* finden wir die Lampe abgebildet; wir sehen die Flamme innerhalb des Drahtnetzgehäuses brennen, das mit dem Boden dicht auf einen messingenen Ölbehälter aufgeschraubt ist. Eine so einfache wissenschaftliche Tatsache, wie die, welche wir eben betrachtet haben, kann uns also ein Mittel zur Rettung Tausender von Menschenleben an die Hand geben und die Gewinnung der Steinkohle, die wir so notwendig brauchen, sicher stellen.

Elemente und zusammengesetzte Körper.

§ XVI.

42. Die vorhergehenden Versuche haben uns über einige der gewöhnlichsten Körper, die in der Erde vorkommen, Aufklärung gegeben. Dieselben bilden übrigens nur einen sehr kleinen Teil der Versuche, welche die Chemiker angestellt, und durch welche sie alles das erfahren haben, was sie über die Zusammensetzung der Erde wissen. Nur durch Untersuchungen und Experimente können wir in der Chemie zu Kenntnissen gelangen, und es ist die Aufgabe der Chemiker, die Eigenschaften jedes Körpers, der in ihren Bereich kommt, zu untersuchen und zu erforschen, festzustellen, woraus er gebildet wurde und welche Bestandteile er enthält.

Indem die Chemiker in diesem Sinne alle Körper untersuchten, einerlei ob sie aus der Luft, aus dem Meere oder aus dem Innern der Erde stammen, ob sie mineralischen, pflanzliche oder tierischen Ursprunges sind, haben sie gefunden, daß alle Körper, denen sie begegneten, in folgende Klassen geteilt werden können:

1. einfache Körper oder Elemente, d. h. Körper, die nicht in andere zerlegt werden können;

2. zusammengesetzte Körper oder Verbindungen, d. h. Körper, aus denen zwei oder mehr andere, unter sich verschiedene Körper dargestellt werden können.

43. Sehen wir uns jetzt nach einigen Beispielen von einfachen und zusammengesetzten Körpern um, und zwar zuerst unter den Gasen. Sauerstoff ist ein einfacher Körper oder ein Element; es kann aus demselben kein anderer Körper erhalten werden. Wasserstoff ist aus dem gleichen Grunde ebenfalls ein Element. Jedoch ist Leuchtgas kein Element, es ist eine Verbindung; denn wir können es zerlegen und daraus zwei ganz verschiedene Körper erhalten, nämlich Kohlenstoff oder Ruß und Wasserstoffgas. Kohlensäuregas ist, wie wir gelernt haben, ebenfalls eine Verbindung und zwar von Kohlenstoff mit Sauerstoffgas. Was die flüssigen Körper anbetrifft, so ist das Quecksilber ein Element; denn wenn wir versuchen, es zu zersetzen, so werden wir keinen anderen Körper erhalten, als eben immer wieder das ursprüngliche, glänzende, flüssige Metall. Wasser ist jedoch eine Verbindung; denn wir können, wie wir gesehen haben, auf verschiedenen Wegen nachweisen, daß das Wasser die beiden Elemente Sauerstoff und Wasserstoff enthält. Ebenso finden wir unter den festen Körpern solche, welche Elemente und solche, welche Verbindungen sind. Das rote Quecksilberoxyd ist eine Verbindung; denn wir können es in metallisches Quecksilber und Sauerstoffgas zerlegen; Kreide ist eine Verbindung; denn wir können daraus Kohlensäure und gebrannten Kalk gewinnen. Kochsalz ist eine Verbindung, weil wir daraus das gelbgrüne Chlorgas und ein Metall erhalten können; ebenso ist Kupfervitriol eine Verbindung, weil er das glänzende, rote Kupfer und Schwefelsäure liefert; Schwefel, Kohlenstoff, Phosphor, Kupfer, Eisen, Silber, Gold und viele andere Stoffe sind jedoch feste Elemente oder einfache Körper; denn die Chemiker sind nicht im stande gewesen, aus ihnen etwas Verschiedenartiges zu erhalten; auch haben sie niemals vermocht, irgend eines dieser Elemente in ein anderes umzuwandeln.

44. Durch unablässige Untersuchung der Körper, die rings um uns her vorkommen, haben die Chemiker ermittelt, daß jedes Ding über, auf oder unter der Erdoberfläche aus einem oder mehreren von etwa siebzig einfachen Körpern besteht. Einige von diesen sind Gase, wie Sauerstoff, einige flüssige Körper, wie Quecksilber; die meisten finden wir jedoch in festem Zustande vor, wie Schwefel und Eisen. Viele von diesen Elementen sind sehr gewöhnlich und werden in ungeheueren Mengen sowohl als solche, d. h. in freiem Zustande, als auch verbunden angetroffen. So ist z. B. Sauerstoff in freiem Zustande als Gas in der Luft vorhanden, im Wasser aber ist er mit Wasserstoff und in den Oxyden mit anderen Elementen verbunden. Ein anderer Teil der Elemente kommt indessen nur sehr selten und nur an sehr wenig Orten vor; die hierzu gehörigen finden im allgemeinen in den Gewerben und im Verkehr keine Verwendung; doch haben wir kein Recht, diese Elemente als unwichtig oder nutzlos zu betrachten, obgleich wir in unseren Unterrichtsstunden nur über diejenigen, welche in größerer Menge aufgefunden werden, sprechen können.

Der Einfachheit halber teilen wir die Elemente selbst in zwei Klassen; die erste umfaßt diejenigen, welche Metalle sind, wie Eisen, Kupfer, Gold, Silber; die zweite diejenigen, welche Nichtmetalle sind, wie Sauerstoff, Schwefel, Kohlenstoff. Der Unterschied des Aussehens solcher Körper, welche Metalle und solcher, welche Nichtmetalle sind, wird sofort auffällig werden, wenn wir Proben von obigen Elementen betrachten.

Wir kennen jetzt etwa zweiundzwanzig Nichtmetalle und fünfundfünfzig Metalle.

Folgende Aufzählung enthält die Namen der wichtigsten Elemente:

Nichtmetallische Elemente.

Sauerstoff.	Chlor.
Wasserstoff.	Schwefel.
Stickstoff.	Phosphor.
Kohlenstoff.	Silicium.

Metallische Elemente.

Eisen.	Zink.
Aluminium.	Zinn.
Calcium.	Blei.
Magnesium.	Quecksilber.
Natrium.	Silber.
Kalium.	Gold.
Kupfer.	

Die Elemente besitzen alle verschiedene Eigenschaften, vermittelst welcher sie erkannt und von einander getrennt werden können. Einige sind sich indes einander ähnlicher als andere. So gleichen sich Zinn und Blei ihren Eigenschaften nach viel mehr als Wasserstoff und Sauerstoff. Wenn wir nun untersuchen, welche Elemente zu Verbindungen zusammentreten, so werden wir finden, daß gerade die unähnlichsten Elemente sich mit einander verbinden. So geben Zinn und Blei keine Verbindung, die sich in ihren wesentlichen Eigenschaften von einem der beiden Metalle unterscheidet; Sauerstoff und Wasserstoff, die einander unähnlich sind, vereinigen sich aber zu Wasser, einem von beiden Elementen völlig verschiedenen Körper. Es ist eine feststehende Tatsache, daß chemische Verbindungen am leichtesten zwischen den Körpern stattfinden, die in ihren Eigenschaften am meisten von einander abweichen, d. h. sich einander am wenigsten ähnlich sind.

Nichtmetallische Elemente. § XVII.

45. Wir wollen uns jetzt mit den Eigenschaften der gewöhnlicheren Elemente in der Reihenfolge bekannt machen, in welcher letztere in der Aufzählung angegeben sind.

Sauerstoff ist ein farbloses, unsichtbares, geschmackloses Gas. Er findet sich in freiem Zustande in der Luft, wo er mit ungefähr der vierfachen Menge Stickstoffgas vermischt ist. Er verbindet sich mit allen Elementen (drei ausgenommen) zu Oxyden. Bei seiner Verbindung mit anderen Elementen wird Wärme, oft auch Licht erzeugt; man sagt dann, der Körper verbrennt. Sauerstoff ist in allen Felsarten und Gesteinen, im Sand und im Erdboden enthalten. Mehr als das halbe Gewicht der ganzen Erde besteht aus Sauerstoff. Er ist für das Leben der Tiere notwendig; diese atmen ihn ein und gebrauchen ihn zum Oxydieren und Reinigen des Blutes und zum Erzeugen der tierischen Wärme.

Wir können reinen Sauerstoff durch Erhitzen vieler Verbindungen darstellen, welche denselben enthalten; so durch Erhitzen von rotem Quecksilberoxyd in einer Röhre oder durch Erhitzen von chlorsaurem Kalium in einem Kolben. Die Nachweisung des Sauerstoffes geschieht durch Eintauchen eines glimmenden Holzspanes in das Gas: wenn Sauerstoff vorhanden ist, wird der Span entflammt.

Um Sauerstoff in größerem Maße, als es in Versuch 30 beschrieben ist, darzustellen, nehmen wir 10 Gramm gepulvertes, chlorsaures Kalium und vermischen es mit so viel Braunstein, daß es schwarz aussieht. Dieses Pulver bringen wir in einen mit durchbohrtem Kork und langem, gebogenem Rohr versehenen Kolben, setzen denselben auf ein Gestell und erhitzen die

Mischung langsam; das übergehende Gas fangen wir in Flaschen auf, die so, wie es Abb. 23 zeigt, in die Wanne gestellt werden.

Mit dem aufgefangenen Gase können wir folgende Versuche machen:

1. Eine auf einem Drahte befestigte Wachskerze, deren Docht glimmt, entflammt sich wieder, wenn sie in eine mit Sauerstoff gefüllte Flasche getaucht wird; hierauf läßt sich durch Kalkwasser nachweisen, daß Kohlensäure entstanden ist.

2. Ein Stück glühende Holzkohle brennt im Sauerstoffgase mit hellem Licht; es wird dabei ebenfalls Kohlensäure gebildet.

3. Ein Stückchen Schwefel, das auf einem Löffel geschmolzen und angezündet worden ist, brennt mit glänzend blauer Flamme, wenn es in das Sauerstoffgas eingeführt wird.

4. Ein sehr kleines Stückchen trockener Phosphor, das auf einen Löffel gelegt und angezündet wurde, brennt im Sauerstoffgase mit für die Augen unerträglichem Glanze.

Wir können auch zeigen, daß das farblose Gas, welches beim Verbrennen des Schwefels, und der weiße Dampf, der beim Verbrennen des Phosphors gebildet wird, beides saure Körper sind; denn wenn wir ein wenig blaue Lakmuslösung in die beiden sie enthaltenden Flaschen gießen, so sehen wir, daß die blaue Lösung rot wird.

46. Wasserstoff ist ebenfalls ein farbloses, unsichtbares, geruchloses Gas. Er kommt nicht in freiem Zustande in der Luft, aber an Sauerstoff gebunden im Wasser vor. Auf verschiedenen Wegen können wir den Wasserstoff aus Wasser erhalten (Versuch 12 und 14) und auch zeigen, daß reines Wasser gebildet wird, wenn Wasserstoff in der Luft verbrennt. Wasserstoff verbindet sich mit vielen anderen Elementen, — mit Kohlenstoff bildet er das Sumpf- oder Grubengas (den feurigen Schwaden), einen Bestandteil des Leuchtgases. Auch in allen Säuren ist Wasserstoff vorhanden; so in der Salpetersäure, der Schwefelsäure, der Salzsäure. Wasserstoff ist der leichteste Körper, den wir kennen: er ist 14½ mal leichter als Luft und wird daher zum Füllen von Luftballons benutzt.

Bei der Verbrennung von Wasserstoff sowohl wie von Leuchtgas wird eine sehr starke Hitze erzeugt und diese kann noch erheblich gesteigert werden, wenn die Verbrennung nicht in Luft, sondern in Sauerstoffgas vorgenommen wird. Körper, die nicht schmelzen, wie gebrannter Kalk, geraten in einer Wasserstoff- oder Leuchtgasflamme, in welche man Sauerstoff hineinleitet, in das heftigste Glühen und strahlen dann ein blendendes weißes Licht aus, das zuweilen zu Beleuchtungen verwendet und als Kalklicht bezeichnet wird. Doch darf nicht im Voraus eine Mischung von Sauerstoff und Leuchtgas hergestellt werden, da eine solche beim Anzünden vollständig auf einmal und mit so großer Gewalt explodiert, daß sie alle Gefäße zertrümmert, in welchen die Gase aufbewahrt werden. Ebenso furchtbar sind die Explosionen einer Mischung von

Sauerstoff und Wasserstoff, die mit lautem Krach verbrennt, und deshalb Knallgas genannt wird. Diese Gasgemenge sind weit gefährlicher als Schießpulver und dürfen darum nicht zu Versuchen benutzt werden.

---

47. Stickstoff ist gleichfalls ein unsichtbares Gas ohne Farbe und ohne Geruch. Er findet sich in freiem Zustande in der Luft. Wir können aus dieser den Stickstoff absondern, indem wir den Sauerstoff dadurch beseitigen, daß wir ein Stück Phosphor in ihr verbrennen (Versuch 6). Stickstoff kommt auch in vielen Verbindungen vor, z. B. in der Salpetersäure, im Salpeter und im Ammoniak oder Salmiakgeist. Ferner bildet er einen Bestandteil des Körpers der Tiere, da das Fleisch aus Stickstoffverbindungen besteht. Stickstoff vereinigt sich nicht leicht mit anderen Elementen, er ist ein sehr träger Körper, brennt selbst nicht und unterhält weder die Verbrennung noch das Leben der Tiere. Er ist indessen nicht giftig, und die Tiere sterben, wenn sie in Stickstoff gebracht werden, einfach aus Mangel an Sauerstoff, d. h. sie ersticken.

Stickstoff kann mit Wasserstoff zu Ammoniak und mit Wasserstoff und Sauerstoff zu Salpetersäure verbunden werden.

Versuch 38. — Salpetersäure ist leicht auf folgende Weise zu erhalten: Man bringt 10 Gramm gepulverten Salpeter in eine Retorte und gießt 10 Gramm Schwefelsäure hinzu. Hierauf stellt man eine Lampe unter die Retorte und schiebt über ihren Hals einen Kolben, der durch in einem Becken sich befindendes

Wasser kalt gehalten wird, um die Säuredämpfe abzukühlen, welche übergehen (Abb. 31). Es wird sich bald eine gelbe Flüssigkeit in dem Kolben ansammeln, die sehr sauer und ätzend ist. Dieses sind aber der Salpetersäure angehörende Eigenschaften. Starke Salpetersäure verursacht sogar gelbe Flecken und Wunden, wenn sie auf die Haut kommt. Weil sie eine Säure ist, macht sie blaue Lakmuslösung rot; wenn sie jedoch mit einem Alkali, wie Ätzkali (welches rote Lakmuslösung in blaue überführt), zusammen

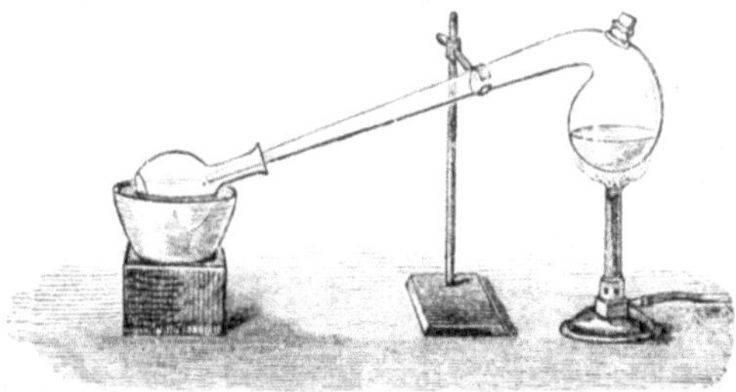

Abb. 31.

gebracht wird, so verliert sie ihre sauren Eigenschaften. Versetzen wir ein wenig in Wasser aufgelöstes Ätzkali (Kalilauge) mit etwas Lakmuslösung und gießen dann langsam Salpetersäure hinzu, so wird die Farbe von blau in rot übergehen, weil die Säure das Alkali neutralisiert. Wenn darauf das Wasser in einer kleinen Porzellanschale verdampft wird, so bleibt ein weißes Salz zurück, welches Salpeter ist. Durch die chemische Vereinigung der Salpetersäure und des Ätzkalis ist derselbe Körper entstanden, den wir ursprünglich zur Darstellung der Salpetersäure verwandt haben. Erhitzen wir das Salz etwas stärker und lösen dann ein wenig davon in Wasser auf, so werden wir finden, daß diese Lösung weder blauen Lakmus rot, noch roten Lakmus blau färbt; hieraus folgt, daß das Salz neutral ist.

Säuren, Alkalien und Salze.

Durch obigen Versuch lernen wir:

1. daß ein Körper eine Säure genannt wird, wenn er sauer und ätzend ist, und wenn er blaue Lakmuslösung rot färbt;

2. daß ein Alkali ein Körper ist, der rote Lakmuslösung in blaue umwandelt und im stande ist, Säuren zu neutralisieren;

3. daß ein Salz derjenige Körper ist, welcher gebildet wird, wenn sich eine Säure mit einem Alkali zu einer neutralen Verbindung vereinigt.

Wir sehen hier wieder, daß sich unähnliche Körper mit einander chemisch verbinden. Es kann keine zwei einander unähnlichere Körper geben als Salpetersäure und Ätzkali, und diese beiden vereinigen sich zu dem wohlbekannten Salpeter, einem in seinen Eigenschaften von jedem der beiden Bestandteile völlig verschiedenen Körper.

---

48. Kohlenstoff. — Dies ist ein festes Element, das wir in freiem Zustande als Holzkohle, Koks und Steinkohle kennen. Außerdem kommen in der Natur noch zwei ganz verschiedenartige Körper vor, welche freier Kohlenstoff sind; nämlich der farblose harte,

Diamant genannte Edelstein und der weiche Körper, der zur Herstellung von Bleistiften oder als Ofenschwärze benutzt und Reißblei oder Graphit genannt wird. Wie können wir jedoch beweisen, daß drei so verschiedene Körper dasselbe chemische Element sind? Verbrennen wir ein Stückchen Holzkohle in Sauerstoffgas, so erhalten wir Kohlensäure; wenn wir ein Stückchen Graphit verbrennen, bekommen wir ebenfalls Kohlensäure, und wenn wir statt dessen ein Stückchen Diamant nehmen und verbrennen, so werden wir gleichfalls finden, daß Kohlensäure gebildet wird. Hieraus müssen wir schließen, daß jeder von diesen drei Körpern — Holzkohle, Graphit und Diamant — Kohlenstoff enthält. Ist in denselben aber neben Kohlenstoff nicht noch etwas anderes vorhanden? Nein, denn wenn wir von jedem dasselbe Gewicht, — 1,2 Gramm Holzkohle, 1,2 Gramm Graphit und 1,2 Gramm Diamant — nehmen und diese Mengen getrennt von einander verbrennen, werden wir finden, daß wir von allen genau dasselbe Gewicht Kohlensäuregas erhalten, nämlich 4,4 Gramm. Daraus ergibt sich, daß der kostbare Edelstein und die gewöhnliche Kohle, obgleich sie so verschiedenartiges Aussehen haben, dennoch ein und dasselbe chemische Element, Kohlenstoff, sind.

Kohlenstoff bildet einen notwendigen Bestandteil aller Pflanzen und Tiere. An der Holzkohle kann man noch deutlich die Form und den Bau des Holzes wahrnehmen, aus dem sie dargestellt wurde. Wenn ein Stück Fleisch unter Luftabschluß geglüht wird, so verwandelt es sich in schwarze Kohle; wird es dagegen verbrannt, so verschwindet aller Kohlenstoff als Kohlensäure, und es bleibt nur, gerade so wie beim Holz, eine kleine Menge weißer Asche zurück.

Versuch 39. — Um zu zeigen, daß Stoffe, die aus Pflanzen stammen, Kohlenstoff enthalten, bringen wir einige Stücke weißen Zucker in ein Glas und gießen etwas heißes Wasser dazu, so daß sich ein dicker Sirup bildet. Versetzen wir nun den Sirup mit starker Schwefelsäure, so werden wir sehen, daß derselbe sich bald dunkler färbt, und daß dann ein lebhaftes Aufschäumen eintritt, wobei aller weiße Zucker in schwarze Kohle umgewandelt wird. Dies erfolgt, weil der Kohlenstoff, welcher auf diese Weise sichtbar gemacht worden ist, einen Bestandteil des Zuckers bildet.

Was würden die Folgen sein, wenn dieses eine Element, der Kohlenstoff, auf der Erde nicht vorhanden wäre? Nun, dann hätte kein tierisches oder pflanzliches Wesen entstehen können. Wir sehen also, welche große Veränderung die Abwesenheit eines einzigen Elementes hervorbringen würde.

Kohlenstoff enthaltende Verbindungen kommen übrigens nicht nur in den Pflanzen- und Tierkörpern vor, sondern auch in der Luft findet sich eine solche, das Kohlensäuregas, und wir begreifen jetzt, was wir früher (bei Versuch 9) gelernt haben, daß nämlich diese Kohlensäure allen Pflanzen als Nahrung dient. Kohlenstoff ist auch in vielen Felsmassen und Gesteinen als Kohlensäure vorhanden, z. B. in den Kreidefelsen, den Kalksteinen und dem Marmor.

Nichtmetallische Elemente. § XVIII.

49. Chlor ist ein Element, dessen Eigenschaften von denen aller bis jetzt erwähnten einfachen Körper sehr verschieden sind. Es ist ein gelblichgrünes Gas, das einen sehr starken Geruch besitzt und eingeatmet giftig wirkt. Chlor kommt in der Natur nicht in freiem Zustande vor; aber wir können es aus einer sehr häufigen Verbindung, aus dem dasselbe enthaltenden Kochsalz, darstellen. Letzterer Körper, der uns dazu dient, unsere Nahrung zu würzen, und welcher dem Meerwasser den salzigen Geschmack erteilt, besteht aus Chlor und dem Metalle Natrium; das Kochsalz wird daher auch Chlornatrium genannt.

Versuch 40. — Wir können das Chlor aus dem Kochsalz gewinnen, indem wir eine kleine Menge des letzteren mit etwas gepulvertem Braunstein vermischen

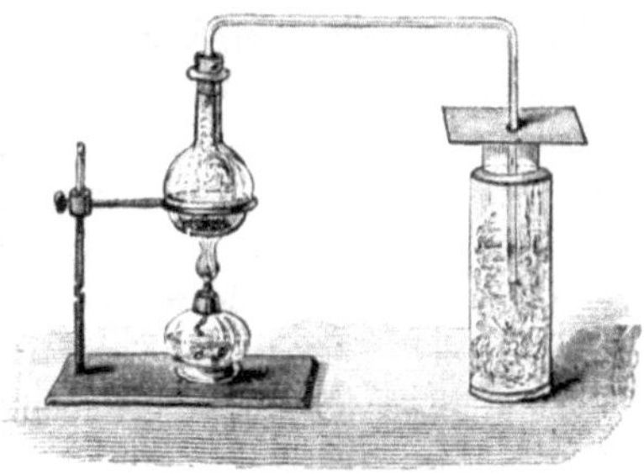

Abb. 32.

und das Gemisch in einem Kolben mit Schwefelsäure übergießen, die mit der gleichen Menge Wasser verdünnt ist. Wir verschließen den Kolben mit einem

Stopfen, der ein gebogenes Rohr trägt, wie es aus Abb. 32 ersichtlich ist, und erhitzen gelinde. Es entwickelt sich ein schweres, gelbgrünes Gas von stechendem Geruche, das in einer trockenen Flasche aufgefangen werden kann.

Dies ist das Chlor, welches im Kochsalz mit dem Natrium verbunden war. Man muß sehr darauf achtgeben, daß man es nicht einatmet; denn es verursacht Husten und Entzündung der Luftröhre. Das Chlorgas verbindet sich mit Metallen augenblicklich zu Chloriden; wenn wir ein wenig feingepulvertes, metallisches Antimon in die Flasche werfen, welche das Chlor enthält, beobachten wir ein Funkensprühen, und es bilden sich weiße Nebel von Antimonchlorid. Wir sehen also, daß nicht nur in Sauerstoffgas, sondern auch in Chlorgas Körper verbrennen können, und daß allemal Wärme gebildet wird, wenn eine chemische Vereinigung vor sich geht.

Das Chlor hat auch die Eigenschaft stark zu bleichen und findet ausgedehnte Anwendung, da es die Farbe von baumwollenen und leinenen Stoffen zerstört. Wir können uns leicht davon überzeugen, wenn wir einen kleinen, gefärbten Baumwollenstreifen (bunten Kattun) naß machen und in eine Flasche mit dem gelbgrünen Gase werfen; nach wenige Minuten fortgesetztem Schütteln hat derselbe seine Farbe verloren.

Der Bleichkalk, welchen man in den Läden zu kaufen bekommt, enthält Chlor und wird daher auch Chlorkalk genannt. Bringen wir davon ein wenig auf den Boden einer Flasche und gießen etwas verdünnte Schwefelsäure hinzu, so werden wir auf einmal über dem weißen Pulver gelbgrünes, bleichendes Chlorgas wahrnehmen.

Versuch 41. — Wenn wir ein wenig Chlorkalk mit Wasser vermischen und einen gefärbten Baumwollenstreifen hineinstecken, so wird dessen Farbe kaum verändert werden. Tauchen wir aber dann den Streifen in Wasser, welches mit etwas Schwefelsäure angesäuert ist, so wird die Farbe zu verschwinden anfangen, und wenn wir dies ein- oder zweimal wiederholen, wird der Streifen ganz weiß werden. Dies ist das Verfahren, welches in den Bleichereien angewendet wird. Die Säure in dem „Säurebad" setzt das Chlor aus der Bleichflüssigkeit in Freiheit, und dies nimmt die Farbe hinweg, indem es sie vollständig zerstört.

Chlor und Chlorkalk sind aber nicht bloß wichtig, weil man sie zum Bleichen, sondern auch, weil man sie als Desinfektionsmittel benutzt, d. h. sie dienen dazu, Ansteckungsstoffe, welche die Weiterverbreitung von Krankheiten verursachen, unschädlich zu machen. Auf diese und auf die Erzeugnisse der Fäulnis wirkt das Chlor ebenso zerstörend wie auf die meisten Farben, und häufig genügt schon ein Besprengen oder Waschen mit in Wasser verteiltem Chlorkalk, um übelriechende Körper fast geruchlos zu machen.

---

50. Schwefel ist ein festes Element von gelber Farbe, welches wir als feines, gelbes Pulver, das man Schwefelblumen nennt, und als Stangenschwefel kennen. Wenn wir ein Stückchen Schwefel in einem Löffel über der Flamme erhitzen, so schmilzt es zunächst, kocht dann, fängt darauf Feuer und verbrennt schließlich vollständig. Gleichzeitig mit der blaßblauen Flamme tritt der wohlbekannte Geruch von brennendem Schwefel auf. Bei dem Verbrennen vereinigt er sich mit dem Sauerstoff der Luft zu einem Oxyde des Schwefels, welches ein farbloses Gas ist. Dasselbe, die sogenannte schweflige Säure, dient zum Bleichen von seidenen und wollenen Garnen und Geweben, sowie von Strohhüten und Federn. Es verhindert das Eintreten von Fäulnis und Gärung, worauf sein Gebrauch beim Einmachen von Früchten beruht, und desinfiziert fast eben so gut wie Chlor. Der Schwefel selbst wird zur Herstellung der Streichhölzer benutzt, weil er leicht Feuer fängt und dann das Holz anzündet. Er wird auch zur Bereitung des Schießpulvers verwendet, das eine Mischung von Schwefel, Holzkohle und Salpeter ist.

Der Schwefel kommt in freiem Zustande in einigen Gegenden vor, und wir erhalten ihn hauptsächlich von der Insel Sicilien. Er wird aber auch häufig in Verbindungen gefunden, und von diesen besitzen die mit Metallen, die Schwefelmetalle oder Sulfide, besondere Wichtigkeit. Diese Schwefelverbindungen sind nämlich meistens die Erze der betreffenden Metalle, d. h. die Körper, aus denen die Metalle gewonnen werden. So ist z. B. das am häufigsten verarbeitete Bleierz, ein Mineral, welches Bleiglanz genannt wird, Schwefelblei oder Bleisulfid. Der Schwefel verbindet sich auch mit Sauerstoff und Wasserstoff, und bildet dann eine sehr wichtige chemische Verbindung, die Schwefelsäure. Diese Säure ist eine schwere, ölige Flüssigkeit und wird gewöhnlich Vitriolöl genannt;

sie wird in ungeheueren Mengen (mehrere hunderttausend Zentner jede Woche) dargestellt und findet in einer großen Anzahl von industriellen Werken Verwendung; so z. B. in den Sodafabriken, den Düngerfabriken, den Färbereien, den Zeugdruckereien, den Bleichereien und bei der Bereitung fast aller anderen Säuren. Die Schwefelsäure verbindet sich mit Metallen zu schwefelsauren Salzen, die auch den Namen Sulfate führen. Von diesen sind manche sehr bekannt, wie das schwefelsaure Natrium oder das Glaubersalz, das schwefelsaure Eisen oder der grüne Vitriol, das schwefelsaure Kupfer oder der blaue Vitriol, und andere.

---

51. Der Phosphor ist ein Element, das sich in der Natur nicht in freiem Zustande vorfindet; aber er ist in den Knochen der Tiere, mit Sauerstoff und dem Metalle Calcium verbunden, als phosphorsaures Calcium enthalten. Wenn ein Knochen verbrannt wird, bleibt eine weiße, löcherige Masse, die man Knochenasche nennt, zurück, und aus dieser kann der Phosphor dargestellt werden.

Der Phosphor tritt wie der Kohlenstoff in Form von verschieden beschaffenen Körpern auf, von denen der eine als gelber oder gewöhnlicher Phosphor, der andere als roter Phosphor bezeichnet wird. Diese beiden Arten von Phosphor weichen in ihren Eigenschaften sehr weit von einander ab.

Versuch 42. — Wir schneiden vorsichtig ein Stückchen gelben Phosphor ab, welches die Größe einer

Viertelerbse hat. Dies muß unter Wasser geschehen, da derselbe ein sehr leicht entzündlicher und gefährlicher Körper ist, der von selbst an der Luft Feuer fängt und schlimme Brandwunden erzeugt, wenn letzteres erfolgt, während er sich zwischen den Fingern befindet. Wir trocknen das Phosphorstückchen schnell mit Löschpapier ab und legen es mittelst einer Zange oder einer Messerklinge auf ein flaches Eisenblechschälchen, das auf einem Dreifuße ruht. Dann nehmen wir ein Stückchen (oder ein Häufchen von dem Pulver) roten Phosphors von derselben Größe und bringen es auch in das Schälchen. Auffallen muß uns, daß der rote Phosphor nicht unter Wasser aufbewahrt wird wie der gelbe, und wir wollen nun zu erfahren suchen, weshalb dies unnötig ist. Setzen wir eine Flamme unter das Schälchen, so wird der gelbe Phosphor (*b* Abb. 33) nach wenigen Augenblicken Feuer fangen, mit heller Flamme verbrennen und dabei einen dichten weißen Rauch verbreiten. Der rote Phosphor (*a*) entzündet sich aber noch nicht, sondern wir müssen das Erhitzen noch einige Zeit fortsetzen, bis derselbe Feuer fängt; ist dies jedoch schließlich geschehen, so verbrennt er genau so wie der gelbe Phosphor. Wir sehen also, daß der gelbe Phosphor sehr leicht entzündlich ist und unter Wasser aufgehoben werden muß, um zu verhindern, daß er durch den Sauerstoff der Luft in Brand gesetzt wird, während der rote Phosphor gar nicht leicht brennt und deshalb an der Luft aufbewahrt werden kann.

Abb. 33.

Versuch 43. — Der gelbe Phosphor entzündet sich, wenn man ihn reibt. Wir nehmen wieder ein sehr kleines Bröckchen Phosphor, wickeln es in ein Stück Löschpapier ein und reiben es dann mit der Stiefelsohle auf dem Fußboden oder mit einem Hammer auf einem Stücke Holz. Das Reiben verursacht, wie wir sehen, daß der Phosphor Feuer fängt und brennt, und dies ist auch der Grund, weshalb die gewöhnlichen Streichhölzer sich entzünden, wenn sie gerieben werden. Die braunen oder roten Köpfe der Streichhölzer enthalten Phosphor; wenn wir nun das Hölzchen auf einer rauhen Oberfläche reiben oder mit demselben darüber streichen, wird der Überzug abgescheuert, welcher die Phosphormasse bedeckt; die letztere fängt Feuer, und das Hölzchen brennt.

In neuerer Zeit kommen im Handel häufig die sogenannten schwedischen oder Sicherheits-Zündhölzer vor, die sich nur an der Schachtel entzünden lassen. Wie geht dies zu? Ein wenig Nachdenken und Probieren wird uns darüber Aufschluß geben. Wenn wir eins von diesen Sicherheitshölzchen nehmen und es auf der Reibfläche einer gewöhnlichen Streichholzbüchse anzuzünden versuchen, wird es nicht anbrennen; reiben wir es aber auf dem braunen oder rotbraunen Papier an der Außenseite einer Schachtel der Sicherheitshölzchen, so wird es plötzlich Feuer fangen. Die Erklärung ist leicht: das Köpfchen eines Sicherheitshölzchens enthält keinen Phosphor, sondern nur einen Körper, welcher den Phosphor leicht zum Brennen bringt, und daher kann es nicht durch Reiben auf irgend einer rauhen Oberfläche entzündet werden. Das Papier an der Schachtel ist mit etwas gepulvertem roten (oder nicht entzündlichen) Phosphor bedeckt; wenn wir nun mit einem Sicherheitshölzchen über dieses Papier streichen, so wird ein wenig von dem roten Phosphor an dem Köpfchen haften bleiben und sich durch die hier befindliche Mischung entzünden.

---

52. **Silicium** ist ein Element, welches wir wie den Phosphor nicht in freiem Zustande in der Natur vorfinden, obgleich es in ungeheueren Mengen in Verbindung mit Sauerstoff vorkommt. Siliciumoxyd, **Kieselerde** oder **Kieselsäure** ist bekannt als **Quarz** oder Bergkristall und wird in fast allen Gesteinen angetroffen. Ferner sind Sand, Sandstein und Feuerstein sämtlich mehr oder weniger reine Kieselsäure. Mit Metallen gibt die Kieselsäure Verbindungen, die **Silikate** genannt werden. Der **Ton** ist ein Silikat und deshalb sind es auch die Ziegelsteine, die Töpferware und das Porzellan, die aus Ton gemacht werden. Das Glas ist ebenfalls ein Silikat; es wird durch Zusammenschmelzen von weißem Sand (Kieselsäure), gebranntem Kalk und Soda, oder von Sand, Bleioxyd und Pottasche dargestellt. Die erste Mischung gibt das gewöhnliche sogenannte **Tafel-** oder **Fensterglas**, die zweite das **Kristallglas**. Silicium selbst ist ein schwarzer, kristallinischer Körper; es wird dadurch erhalten, daß man der Kieselsäure den Sauerstoff entzieht.

Alle die Felsmassen und Gesteine, aus denen der feste Teil des Erdkörpers besteht, enthalten entweder Silicium oder einige metallische Elemente oder aber beides, verbunden mit Sauerstoff. Wir sehen also, daß die Erde aus verbrannten oder oxydierten Körpern aufgebaut ist.

Nun wollen wir uns etwas mit den hauptsächlichsten Metallen, welche die Erde enthält, beschäftigen.

Metalle. § XIX.

53. Eisen. — Am besten werden wir die Betrachtung der wichtigeren Metalle mit dem Eisen beginnen, da dieses für den Menschen das nützlichste von allen ist. Ohne Eisen würden wir wie die Wilden leben müssen; wir könnten keine Eisenbahnen, keine Werkzeuge oder Maschinen, keine Gas- oder Wasserleitungsröhren, keine Geräte, keine Messer haben. Es gab einst eine Zeit, wo die Menschen noch kein Eisen besaßen, weil dieser außerordentlich nützliche Körper nicht als Metall, sondern nur als erdiges Erz gefunden wird, aus dem das Metall schwierig darzustellen ist. Vorher gebrauchten die Menschen Werkzeuge aus Bronze oder Kupfer, und in noch früheren Zeiten hatten sie nur Beile und Messer aus Stein. Eins der wichtigsten Erze des Eisens ist das rote Eisenoxyd, welches die Namen Roteisenerz und Blutstein führt. Durch Erhitzen mit Holzkohle wird ihm der Sauerstoff entzogen und das metallische Eisen bleibt zurück. Dieses kann zu Stäben ausgehämmert werden, aus denen Hufeisen und Sparren verfertigt werden; auch kann man es zu Platten auswalzen, die zur Herstellung von Schiffen und Dampfkesseln dienen. Es wird Schmiedeeisen genannt, weil es mit dem Hammer bearbeitet oder geschmiedet werden kann, wenn es rotglühend ist, wodurch

sich ihm jede beliebige Form geben läßt. Dies ist dieselbe Sorte von Eisen, welche der Grobschmied gebraucht, um Nägel, Hufeisen oder Radreife zu machen; sie ist besonders wertvoll, weil sie sich in der Hitze schweißen läßt, d. h. zwei Stücke glühendes Eisen, die aufeinander gelegt und dann geschmiedet werden, heften sich so fest aneinander, daß sie nicht wieder getrennt werden können. Es gibt aber noch eine andere, ebenfalls sehr wichtige Eisensorte, die man Gußeisen heißt, weil sie geschmolzen und dann in Formen gegossen, dadurch also in Eisengußwaren umgewandelt werden kann. Aus Gußeisen werden Gas- und Wasserleitungsröhren, Laternenpfosten, Geländer, große Räder, starke Träger für Maschinen und eine große Anzahl von anderen Dingen gemacht. Das Gußeisen wird aus Eisenerz, Kohle und Kalkstein dargestellt, indem man diese in große, aus feuerfesten Steinen aufgemauerte Öfen bringt, die Hochöfen genannt werden, in welche durch ein mächtiges Gebläse Luft eingeblasen wird, um die Kohle zu verbrennen und das Eisen zu schmelzen. Der Zusatz von Kalkstein ist nötig, um die Kieselsäure und andere Verunreinigungen des Erzes in ein leichtflüssiges, glasartiges Silikat, die Schlacke, zu verwandeln, welches das geschmolzene Eisen umhüllt und dadurch vor dem Verbranntwerden schützt.

Gußeisen kann nicht wie Schmiedeeisen in glühendem Zustande zu Stäben ausgehämmert oder zu Platten ausgewalzt werden; es ist spröde und zerbricht unter dem Hammer in Stücke wie Glas. Gußeisen ist auch kein reines Eisen, sondern es enthält Kohlenstoff, welcher der bei seiner Darstellung verwendeten Kohle entnommen ist; durch das sogenannte Puddeln können wir den Kohlenstoff verbrennen und erhalten dann aus dem Gußeisen Schmiedeeisen. Eine dritte Eisensorte wird Stahl genannt; aus diesem werden Messer und Schneidewerkzeuge verfertigt, weil er zugleich hart und zäh ist und so geschliffen werden kann, daß er eine scharfe Schneide bekommt. Der Stahl enthält ebenfalls ein wenig Kohlenstoff und kann sowohl aus Schmiedeeisen, als auch aus Gußeisen dargestellt werden.

Wenn wir Eisen in der Luft oder im Sauerstoff verbrennen (Versuch 31), erhalten wir Eisenoxyd. Derselbe Körper wird auch gebildet, wenn wir ein Stück blankes Eisen der feuchten Luft aussetzen; es wird rostig, und zuletzt wird es ganz in Rost umgewandelt. Sogenannte Schimmel- oder Stockflecken auf Leinwand sind oft ebenfalls Eisenoxyd oder Rost.

Versuch 44. — Wenn wir ein wenig verdünnte Schwefelsäure auf Eisenfeilspäne in einem Probier-

Abb. 34.

rohre gießen, so wird sich zunächst langsam ein Gas entwickeln; wenn wir das Rohr erwärmen, wird die Entwickelung stärker werden, und wir können dann das Gas an der Mündung des Glases anzünden. Dieses Gas ist Wasserstoff; das Eisen löst sich in der Säure auf, indem es ein Salz, schwefelsaures Eisen oder grünen Vitriol bildet, und der Wasserstoff der Schwefelsäure wird frei.

Nehmen wir statt der Eisenfeilspäne ein wenig von der mit „Schwefeleisen" bezeichneten schwarzen Masse und behandeln diese genau auf dieselbe Weise, so wird anscheinend der gleiche Vorgang stattfinden. Nähern wir aber vorsichtig unsere Nase dem Probierrohre, so werden wir einen starken Geruch nach faulen Eiern wahrnehmen, und wenn wir das entweichende Gas anzünden, so wird sich die blaue Flamme von brennendem Schwefel zeigen. Dies sind aber Eigenschaften, die dem Schwefelwasserstoff zukommen. Bei der Verbindung des Eisens mit der Schwefelsäure ist auch hier Wasserstoff frei geworden, der sich aber sofort mit dem Schwefel, welcher vorher mit dem Eisen verbunden war, zu einem neuen gasförmigen Körper, dem Schwefelwasserstoff, vereinigt hat.

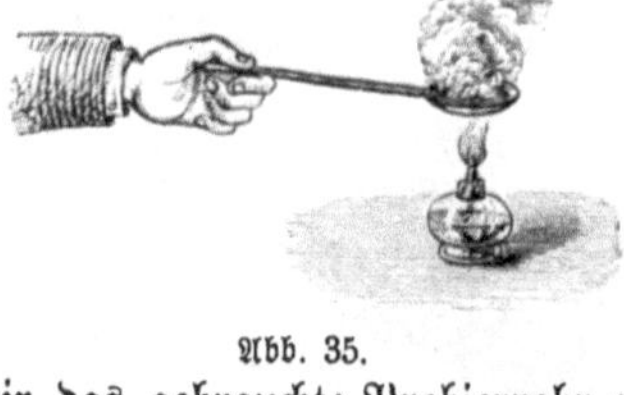

Abb. 35.

Wenn wir das gebrauchte Probierrohr mit Wasser füllen, umschütteln und dann die Flüssigkeit durch ein Papierfilter filtrieren, werden wir eine nahezu ungefärbte Lösung erhalten, die, eingedampft (Abb. 35), beim Abkühlen Kristalle von grünem Eisenvitriol ausscheidet. Da nun derselbe Körper entsteht, wenn metallisches Eisen und wenn Schwefeleisen mit Schwefelsäure behandelt wird, so müssen wir schließen, daß zur Darstellung der Salze nicht bloß die Elemente, sondern auch Verbindungen derselben verwendbar sind.

Wir können in kleinen Mengen der eben erhaltenen Lösung nach ihrem Erwärmen mit einigen Tropfen Salpetersäure das Eisen selbst dann noch auffinden, wenn wir sie mit einem Liter Wasser verdünnt haben, indem wir wenige Tropfen aus der mit „Ferrocyankalium" oder „Gelbes Blutlaugensalz" bezeichneten Flasche hinzufügen; es entsteht dadurch sogleich eine dunkelblaue Farbe (Berlinerblau), wenn Eisen vorhanden ist.

---

54. Aluminium. — Wir gehen jetzt zu diesem Metall über, weil es in der Tonerde enthalten ist und daher in großen Mengen in vielen Gesteinen vorkommt. Man sollte kaum glauben, daß es möglich wäre, aus dem gewöhnlichen Ton ein blankes, silberweißes Metall zu gewinnen, und doch können die Chemiker hieraus ein solches darstellen. Es ist schade, daß sich nicht auf leichte Weise der Sauerstoff aus dem Ton wegschaffen läßt; denn in diesem Falle könnten wir das schöne Aluminium-Metall zu sehr vielen Zwecken verwenden. Die Darstellung macht dasselbe zu teuer, obgleich der Ton so wohlfeil und verbreitet ist. Wenn wir das blanke Metall an der Luft stark erhitzen, verbrennt es und bildet ein Oxyd, welches Aluminiumoxyd oder Tonerde genannt wird. Auch die weißen Alaunkristalle enthalten dieses Metall.

---

55. Calcium ist ebenfalls ein Metall, das nur mit großen Schwierigkeiten in reinem Zustande erhalten werden kann, obwohl seine Verbindungen sehr verbreitet sind. Gebrannter Kalk ist Calciumoxyd; Kreide, Marmor, Kalkstein, Muschelschalen und Korallen bestehen alle aus kohlensaurem Calcium; Gips ist schwefelsaures Calcium und Knochenerde phosphorsaures Calcium. Wir sehen also, daß große Mengen dieses Metalles sich in der Erde vorfinden.

Versuch 45. — Bei der Darstellung der Kohlensäure aus Kreide und Salzsäure (Versuch 29) bleibt in der Flasche eine Flüssigkeit zurück, die eine Lösung von Chlorcalcium ist. Wenn wir diese Flüssigkeit filtrieren und das Filtrat bis zur Trockne eindampfen, so erhalten wir ein weißes, trockenes Pulver. Es ist dies ein Salz, welches Chlorcalcium genannt wird. Wir verwendeten es in Versuch 20 zum Trocknen des Wasserstoffgases und Auffangen des Wassers, da es mit großer Begierde Feuchtigkeit aufnimmt. Lassen wir ein wenig von dem trockenen Pulver einige Stunden an der Luft stehen, so wird es ganz flüssig, weil es die Feuchtigkeit anzieht, welche immer in der Luft enthalten ist.

Lösen wir ein wenig Chlorcalcium in einem Probierrohr in etwas Wasser auf und gießen dazu einige Tropfen von der klaren Lösung aus der mit der Aufschrift „Kohlensaures Natrium" versehenen Flasche, so beobachten wir, daß die beiden klaren Flüssigkeiten beim Zusammentreffen sofort milchig und trübe werden. Dies geschieht, weil sich kohlensaures Calcium oder Kreide bildet, und da Kreide im Wasser unlöslich ist, also nicht wie Chlorcalcium in Lösung bleiben kann, so muß sie niedergeschlagen oder gefällt werden. Der Vorgang ist folgendermaßen zu erklären:

Wir nehmen

Chlorcalcium (löslich in Wasser)	und	Kohlensaures Natrium (löslich in Wasser);

und wir erhalten, wenn wir beide Lösungen mischen:

Kohlensaures Calcium oder Kreide (unlöslich in Wasser)	und	Chlornatrium oder Kochsalz (löslich in Wasser).

Hieraus ersehen wir, daß einige Salze desselben Metalles in Wasser unlöslich sein können (wie Kreide), während sich andere (wie Chlorcalcium) in Wasser leicht auflösen. Wir müssen uns aber hüten, in den Glauben zu verfallen, daß nach dem Vorgange irgend ein Körper vorhanden sei, welcher vorher nicht da war; wir haben es hier nur mit einer Verschiedenheit in der Anordnung zu tun. Es findet ein Austausch statt, durch welchen die Kreide gebildet wird; die Bestandteile der Kreide waren schon in den Körpern enthalten, die wir zusammen brachten.

---

56. Magnesium ist ein weiches, silberweißes Metall, aus welchem Draht und Band gemacht werden kann.

Versuch 46. — Wenn wir das Ende eines ungefähr 20 Zentimeter langen Magnesiumdrahtes in die Flamme halten, so entzündet sich das Metall und verbrennt unter Ausstrahlung blendenden, weißen Lichtes, während ein weißes Pulver zu Boden fällt. Dieses weiße Pulver ist Magnesia, das Oxyd des Metalles. Bei dem Verbrennen des Magnesiums können wir sowohl schwarze als weiße Dämpfe wahrnehmen. Der schwarze Dampf ist aber kein Ruß; denn es ist kein Kohlenstoff vorhanden; er besteht aus einem Teile des Metalles, welcher nicht verbrannt wird, sondern als Wolke von schwarzer Farbe aufwärts zieht. Der weiße Dampf ist festes, als feiner Staub fortfliegendes Magnesiumoxyd.

Versuch 47. — Wenn wir etwas von dem entstehenden weißen Pulver sammeln und in einem Probierrohre mit Wasser und einigen Tropfen Schwefelsäure erhitzen, so wird das Pulver aufgelöst werden. Gießen wir dann die klare Lösung in eine Porzellanschale und verdampfen den größten Teil des Wassers, so finden sich nach dem Abkühlen lange, nadelförmige Kristalle in der Schale vor. Diese Kristalle bestehen aus schwefelsaurem Magnesium oder Bittersalz, demselben Körper, welcher dem Bitterwasser mancher Mineralquellen, z. B. dem von Friedrichshall, seinen unangenehmen Geschmack erteilt.

Es gibt noch viele andere Verbindungen des Magnesiums, von denen einige in Mineralien und Gesteinen vorkommen. Das Metall ist noch niemals in freiem Zustande aufgefunden worden, und seine Darstellung aus Magnesia ist ziemlich kostspielig; trotzdem wird es jetzt zu Beleuchtungen und Signalen, bei denen ein sehr helles Licht nötig ist, sowie in Fackeln und Feuerwerken gebraucht. Das Magnesium bleibt in trockener Luft blank und könnte für viele Zwecke Verwendung finden, wenn es auf wohlfeilere Weise zu gewinnen wäre.

Metalle. § XX.

57. Natrium ist dasjenige Metall, welches wir benutzten, um Wasserstoff aus Wasser zu erhalten (Versuch 13). Es hat keine Ähnlichkeit mit den Metallen, die in den Gewerben Anwendung finden; wir dürfen das Natrium weder an der Luft aufbewahren, weil es sich sofort oxydiert und ein weißes Pulver bildet, noch dürfen wir es mit Wasser in Berührung kommen lassen, weil es sich sogleich mit dem Sauerstoff des Wassers verbindet und den Wasserstoff in Freiheit setzt, sondern wir müssen es unter Steinöl aufheben, welches keinen Sauerstoff enthält. Wir haben gesehen (Versuch 13), daß ein auf Wasser geworfenes Stückchen dieses merkwürdigen Metalles auf dessen Oberfläche schwimmt und Wasserstoff entwickelt. Wenn wir das Wasser durch ein wenig rote, saure Lakmuslösung vorher rot gemacht haben, wird seine Farbe in Blau umgewandelt werden, sobald das Natrium verschwunden ist. Dies kommt daher, daß das Alkali Ätznatron gebildet wird.

Versuch 48. — Das Natrium ist ein für den Chemiker sehr wichtiges Metall; denn er kann mit Hilfe desselben die beiden vorhergehenden Metalle, Magnesium und Aluminium darstellen. Das Natrium kommt, wie wir uns leicht denken können, nicht in freiem Zustande in der Natur vor; es wird gewonnen, indem man dem Natriumoxyde den Sauerstoff entzieht. Wenn wir ein Stückchen Natrium in einem Löffel über der Flamme erhitzen, wird es zunächst schmelzen, dann sich entzünden und mit einer hellen, gelb gefärbten Flamme verbrennen; es entweichen dabei weiße Dämpfe des Oxydes.

Das Natrium ist das Metall der Natriumsalze, von welchen mehrere sehr nützliche und weit verbreitete Körper sind.

Einige der wichtigsten nennt folgendes Verzeichnis:

Gewöhnliche Namen,	Chemische Namen,	Bestandteile derselben.
Koch-, Tafel- oder Steinsalz.	Chlornatrium.	Natrium und Chlor.
Glaubersalz.	Schwefelsaures Natrium.	Natrium, Schwefel und Sauerstoff.
Kristallisierte Soda.	Kohlensaures Natrium.	Natrium, Kohlenstoff und Sauerstoff.
Chilisalpeter.	Salpetersaures Natrium.	Natrium, Stickstoff und Sauerstoff.

Von diesen findet sich das Steinsalz in größter Menge in der Natur vor; es wird in den Steinsalzbergwerken zu Staßfurt, Friedrichshall und an anderen Orten gewonnen. Jährlich werden Millionen von Zentnern Chlornatrium verbraucht, von welchen aber das Kochsalz einen erheblichen Teil bildet, das man in den Salinen durch Verdampfung natürlicher Salzlösungen, der Salzsolen, darstellt. Dies geschieht z. B. in Dieuze, Wimpfen, Rosenheim, Nauheim, Halle an der Saale und Lüneburg. Kochsalz kann aber auch aus dem Seewasser erhalten werden. Aus dem Stein- oder Kochsalz lassen sich alle anderen Natriumsalze bereiten. Wollen wir z. B. schwefelsaures Natrium oder Glaubersalz haben, so brauchen wir nur Schwefelsäure auf Kochsalz zu gießen; es entweicht ein dichter Dampf von Chlorwasserstoff oder Salzsäure, und schwefelsaures Natrium bleibt zurück. Hierbei findet folgender Vorgang statt:

Wir nehmen

Chlornatrium (Kochsalz) und Schwefelsäure,

wir erhalten

schwefelsaures Natrium (Glaubersalz) und Salzsäuregas.

Wir können uns leicht davon überzeugen, daß die Dämpfe stark sauer sind; halten wir ein Stückchen angefeuchtetes blaues Lakmuspapier in dieselben, so wird es sofort rot werden.

58. Kalium ist das in der Pottasche, dem Salpeter und dem Ätzkali enthaltene Metall. Wird ein Stückchen Kalium, das etwa die Größe einer halben Erbse hat, auf Wasser geworfen, so verbindet sich dasselbe mit solcher Heftigkeit mit dem Sauerstoffe, daß der freiwerdende Wasserstoff sich augenblicklich entzündet und mit einer durch Kaliumdampf violett gefärbten Flamme verbrennt.

Kaliumsalze kommen in manchen Felsarten, in der Ackererde und auch in der Asche der Pflanzen vor. Der Name Pottasche, den das Salz führt, welches durch Ausziehen der Holzasche mit Wasser und Eindampfen der erzeugten Lösung erhalten wird, stammt daher, daß man diese gereinigte Asche meist in einem Topf oder Pott aufbewahrt, weil sie in feuchter Luft zerfließt. Es gibt viele nützliche Kaliumsalze, zu deren Darstellung jetzt hauptsächlich Mineralien dienen, die in den Bergwerken zu Staßfurt und Leopoldshall gewonnen werden.

Gewöhnliche Namen,	Chemische Namen,	Bestandteile derselben.
Pottasche.	Kohlensaures Kalium.	Kalium, Kohlenstoff und Sauerstoff.
Salpeter.	Salpetersaures Kalium.	Kalium, Stickstoff und Sauerstoff.
Chlorsaures Kalium.	Chlorsaures Kalium.	Kalium, Chlor und Sauerstoff.

Das Ätzkali besteht aus Kalium, Sauerstoff und Wasserstoff, während das Ätznatron Natrium, Sauerstoff und Wasserstoff enthält.* Da diese beiden schon oft

* Bei der Zersetzung des Wassers durch Kalium oder Natrium kann deshalb nur die eine Hälfte des im Wasser vorhandenen Wasserstoffes frei werden; die andere Hälfte, der Sauerstoff und das Metall bilden im ersten Falle Ätzkali, im zweiten Ätznatron.

erwähnten Verbindungen einander sehr ähnlich sind, so werden sie häufig mit dem gemeinschaftlichen Namen Alkalien bezeichnet.

Versuch 49. — Seife wird durch Kochen von Tierfetten oder Pflanzenölen mit Alkalien dargestellt. Wird z. B. der gewöhnliche Talg mit einem Alkali gekocht, so entsteht Seife. Die Seifen, welche Natrium enthalten, sind harte Seifen, während Kaliumseifen weich sind. Wir können uns leicht selbst Seife machen, indem wir 10 Gramm Rizinusöl in eine dünne Porzellanschale gießen, die etwas heißes Wasser enthält, und dann ein wenig Ätznatron zufügen; kochen wir die Flüssigkeit, so wird das Öl verschwinden, und es wird Seife gebildet, die sich in dem Wasser auflöst. Wenn die Lösung kurze Zeit gekocht hat, werfen wir eine Handvoll Kochsalz hinein; dieses löst sich im Wasser auf und scheidet die Seife aus, welche nun auf der Oberfläche schwimmt. Bei dem Erkalten wird die Seife zu einer weißen, festen Masse, die wir zum Waschen der Hände benutzen können. In den Seifensiedereien werden außer Talg noch verschiedene Fette und Öle verwendet, aber kein Rizinusöl; wir haben letzteres genommen, weil es sich bei weitem leichter als die gewöhnlichen Fette in Seife umwandeln läßt.

Wir wollen uns nun zu einer Anzahl von nützlichen Metallen wenden, von denen einige sehr hohen, andere geringen Wert haben, die aber alle zu mannigfaltigen Zwecken Verwendung finden.

Metalle. § XXI.

59. Kupfer ist ein rötlich gefärbtes Metall, woraus Kessel, Pfannen und Kochtöpfe verfertigt werden; auch Kupferdraht findet Verwendung, weil er sowohl weich als auch zäh ist. Metallisches Kupfer wird bisweilen in der Natur gefunden, und es heißt dann gediegenes Kupfer; gewöhnlich wird es indessen aus Kupfererzen dargestellt, deren es mehrere Arten gibt. Das wichtigste Kupfererz ist die Verbindung von Kupfer mit Schwefel, die wir mittelst Versuch 5 dargestellt haben. Durch Beseitigung des Schwefels können wir daraus das reine, metallische Kupfer erhalten.

Kupfer wird häufig mit anderen Metallen zusammengeschmolzen, wodurch sehr wichtige Metallgemische oder Legierungen, wie Messing und Bronze, entstehen. Wenn Kupfer an der Luft erhitzt wird, verliert es seinen Glanz und überzieht sich mit einer schwarzen Oxydschicht; wird das Erhitzen fortgesetzt, so verbindet sich schließlich das ganze Kupfer mit dem Sauerstoff der Luft und wir erhalten Kupferhammerschlag oder schwarzes Kupferoxyd, den Körper, welchen wir zum Versuch 20 gebraucht haben.

Versuch 50. — Wenn wir einige Kupferdrehspäne in ein Probierrohr bringen und einige Tropfen Salpetersäure auf sie gießen, so stößt die Salpetersäure dichte, braunrote Dämpfe aus; dabei wird eine blaue Lösung von salpetersaurem Kupfer gebildet. Ein einziger Tropfen von dieser blauen Lösung, den wir in ein ganzes Probierrohr voll Wasser fallen lassen, wird immer noch eine blaue Färbung hervorrufen, wenn wir Ammoniak hinzufügen. Auf diese Weise können wir leicht die Gegenwart von Kupfersalzen nachweisen. Blauer Vitriol (Versuch 32) ist eine Verbindung von Kupfer und Schwefelsäure. Wenn wir die Ammoniakprobe mit ein oder zwei Tropfen einer Auflösung dieses Körpers ausführen, werden wir sehen, daß wir dieselbe tiefblaue Farbe erhalten, welche das salpetersaure Kupfer gibt.

---

60. Zink ist ein nützliches, weißes Metall, das in Formen gegossen spröde, aber zu Blech ausgewalzt so zähe erscheint, daß man Gefäße, Dachrinnen und ganze Dachbedeckungen daraus machen kann. Ein Zinküberzug verhindert, daß Eisen in feuchter Luft rostet und daher findet mit Zink überzogenes Eisen, das galvanisiertes Eisen genannt wird, vielfache Anwendung. Die hauptsächlichsten Erze des Metalles sind der Galmei, mit welchem Namen man sowohl kohlensaures wie kieselsaures Zink bezeichnet, und das Schwefelzink oder die Zinkblende. Das Zink wird auch zur Herstellung von Legierungen benutzt; so ist z. B. das gelbe Messing eine Legierung von Zink mit Kupfer und daher kein einfacher Körper. Das weiße Neusilber ist ebenfalls eine solche, die aber außer diesen beiden Metallen noch ein drittes, das Nickel, enthält. Dies ist ein nicht häufig und nur in Verbindungen vorkommendes Element von weißer Farbe und großer Zähigkeit, aus dessen Legierung mit wenig Kupfer unsere Nickelmünzen gemacht werden.

Versuch 51. — Wenn wir Zink in verdünnter Schwefelsäure auflösen (Versuch 15), so entsteht

Wasserstoffgas und schwefelsaures Zink. Filtrieren wir etwas von der Flüssigkeit, die wir bei der Wasserstoffbereitung erhalten haben, und dampfen dieselbe dann ein, so werden sich beim Abkühlen weiße Kristalle von schwefelsaurem Zink ausscheiden. Das Zink verbrennt, wenn es in Form dünner Drehspäne an der Luft stark erhitzt wird; dabei bildet sich ein weißes Pulver, das aus Zinkoxyd besteht. In dieser Beziehung gleicht das Zink dem Magnesium.

---

61. Zinn ist ein glänzendes, weißes Metall, das häufig zum „Verzinnen" des Eisens und Kupfers benutzt wird. Gewöhnliches Weißblech ist eigentlich Eisenblech, sieht aber ganz anders aus als dieses, da man dasselbe durch Eintauchen in geschmolzenes Zinn mit einer Zinnschicht überzogen oder verzinnt hat. Dies bezweckt, das Eisen gegen das Rosten zu schützen und dadurch haltbarer zu machen. Kupferne Kochgeschirre werden dagegen verzinnt, um das Entstehen des giftigen essigsauren Kupfers, des sogenannten Grünspans, zu verhüten. Das Zinn wird von den Zinngießern zu vielerlei Geräten verarbeitet und dient ferner dazu, mehrere nützliche Legierungen darzustellen, wie Bronze, Glockenmetall, Britanniametall und Schnellot. Das wichtigste Erz des Zinns ist das Zinnoxyd, das den Namen Zinnstein führt und bei uns im Erzgebirge gefunden wird. Man erhält das metallische Zinn, wenn man den Zinnstein mit Holzkohle erhitzt, die den Sauerstoff wegnimmt und das reine Metall zurückläßt.

Versuch 52. — Wir nehmen ein wenig gepulvertes Zinnoxyd, mischen es mit ungefähr der gleichen Menge kohlensaurem Natrium (Soda) und bringen die Mischung in eine Vertiefung, die wir vorher in ein Stück Holzkohle gemacht haben. Wir erhitzen dann die Mischung mit einer Lötrohrflamme, die wir auf die Weise erhalten, daß wir in die leuchtende Flamme einer Bunsen'schen Gaslampe, welche entsteht, wenn wir die

Abb. 36.

Löcher am Fuße der letzteren verschließen, Luft blasen, so wie es in der Abbildung angegeben ist. Die Mischung wird bald schmelzen, muß aber dann noch einige Zeit erhitzt werden. Ist dies geschehen, so brechen wir mit einem Messer die geschmolzene Masse aus der Holzkohle heraus und zerreiben sie in einer Reibschale zu feinem Pulver. Spülen wir nun alle leichten Kohlenteilchen mit Wasser weg, so werden wir finden, daß einige schwere glänzende, runde Körnchen oder Kügelchen von weißem, metallischem Zinn auf dem Boden zurückbleiben. Bei diesem Versuche hat sich der Sauerstoff des Zinnoxydes mit dem Kohlenstoffe der Holzkohle zu Kohlensäure vereinigt, die entweicht; das metallische Zinn ist zurückgeblieben und durch Hitze geschmolzen worden.

62. Blei ist ein schweres Metall von bläulicher Farbe, das sich leicht schneiden läßt; es rostet oder oxydiert sich an der Luft nicht, so daß es sich sehr gut zur Anfertigung von Gas- und Wasserleitungsröhren, und in Blechform zur Bedeckung der Dächer und zu Dachrinnen eignet. Es wird auch zur Herstellung von Schrot und Flintenkugeln verwendet, weil es sich leicht schmelzen und gießen läßt. Bleierz wird im Erzgebirge, am Harz und in der Eifel gefunden; dasselbe, der sogenannte Bleiglanz, ist Schwefelblei. Das Verfahren, welches zur Gewinnung der Metalle aus den Erzen dient, wird Verschmelzung der letzteren genannt und in Hüttenwerken ausgeführt; der Zweig der Wissenschaft, welcher sich mit der Gewinnung der Metalle beschäftigt, heißt Hüttenkunde.

Mehrere Bleiverbindungen sind wichtig:

Gewöhnliche Namen,	Chemische Namen,	Bestandteile derselben.
Bleiweiß.	Kohlensaures Blei.	Blei und Kohlensäure.
Mennige.	Rotes Bleioxyd.	Blei und Sauerstoff.
Bleiglätte.	Gelbes Bleioxyd.	Blei und Sauerstoff.
Bleizucker.	Essigsaures Blei.	Blei und Essigsäure.
Chromgelb.	Chromsaures Blei.	Blei und Chromsäure.

Bleiweiß, Mennige und Chromgelb werden als Malerfarben benutzt. Um Verwechslungen zu vermeiden, müssen wir uns erinnern, daß Reißblei der gewöhnliche Name für Graphit ist, und daß also die schwarze Masse der Bleistifte kein Blei enthält, sondern aus reinem Kohlenstoff besteht.

Versuch 53. — Gießen wir ein wenig Lösung von chromsaurem Kalium in ein Glas mit Wasser, in dem vorher etwas essigsaures Blei gelöst wurde, so erhalten wir einen prächtig gelben Niederschlag von chromsaurem Blei oder Chromgelb. Dieser entsteht durch folgenden Vorgang:

Vor der Mischung.		Nach der Mischung.
Chromsaures Kalium und essigsaures Blei (beides lösliche Salze)	geben	Chromsaures Blei (unlösliches gelbes Pulver) und essigsaures Kalium (löslich).

---

63. Quecksilber ist das einzige einfache Metall, das bei gewöhnlicher Temperatur flüssig ist. Aus diesem Grunde hat es sehr hohen Wert, besonders für die Anfertigung von Thermometern (Vorrichtungen zum Messen der Wärme) und von Barometern (Vorrichtungen zum Messen des Luftdruckes), die wir in der Physik näher kennen lernen werden, und ferner für die Herstellung des silberähnlichen, aus Zinnamalgam bestehenden Belages der Spiegel. In der Natur findet sich das Quecksilber selten als Metall in Form von Tröpfchen, häufiger und in größeren Massen aber als Schwefelquecksilber oder Zinnober. Das Pulver des letzteren ist die bekannte rote Malerfarbe, die jedoch meistens durch Verbindung von Schwefel mit Quecksilber bereitet wird. Das Quecksilber läuft an der Luft nicht an, aber es oxydiert sich, wenn es erhitzt wird, und es entsteht dann rotes Quecksilberoxyd; aus diesem kann der Sauerstoff durch stärkeres Erhitzen wieder ausgetrieben werden (Versuch 30). Das Quecksilber läßt sich kochen und wie Wasser destillieren, weshalb es leicht rein zu erhalten ist. Mit vielen anderen Metallen teilt das Quecksilber die Eigenschaft, sowohl als solches, wie auch in Form von Verbindungen sehr giftig zu sein; jedoch werden einige der letzteren, aber immer nur in kleinen Mengen, als Arzneimittel angewendet.

---

64. Silber ist ein sehr geschätztes und wertvolles Metall. Es wird im Erzgebirge, in Nevada, Mexiko, Peru und an anderen Orten gefunden. Die vielfältige Brauchbarkeit des Silbers beruht hauptsächlich darauf, daß es niemals durch Oxydation seinen Glanz verliert; indessen schwärzt es sich, sobald es mit Schwefel in Berührung kommt, da sich eine schwarze Schwefelverbindung bildet. Das Silber ist schon seit den frühesten Zeiten zur Herstellung wertvoller und schöner Sachen benutzt worden, aber hauptsächlich bedient man sich desselben von jeher als Tauschmittel, als Geld. Das Silbergeld enthält gewöhnlich ein wenig Kupfer, das hinzugesetzt wird, um das Silber härter zu machen.

Versuch 54. — Versuchen wir, ob wir beides, Kupfer und Silber, in einem Fünfzigpfennigstück auffinden können. Wir bringen die Münze in ein Probierrohr und gießen etwas Salpetersäure darüber. Es werden bald dichte, rote Dämpfe aus der Salpetersäure aufsteigen, und bei gelindem Erwärmen wird sich das Geldstück in kurzer Zeit völlig auflösen. Wir wissen (Versuch 22), daß Silber zur Nachweisung von Chlornatrium oder Kochsalz dienen kann; fügen wir jetzt etwas Kochsalzlösung zu unserer Lösung von Silber in Salpetersäure, so wird ein dicker, weißer Niederschlag von unlöslichem Chlorsilber gebildet werden.

Der Hergang dabei ist folgender:

Wir nehmen	Wir erhalten
salpetersaures Silber (Höllenstein) und Chlornatrium (beides lösliche Salze).	Chlorsilber (eine weiße, käsige, in Wasser unlösliche Masse) und salpetersaures Natrium (löslich in Wasser).

Filtrieren wir darauf durch ein Papierfilter, so bekommen wir eine klare Flüssigkeit, die eine blaugrüne Farbe zeigt und die ganze Menge des Kupfers enthält; stellen wir in diese Lösung ein blankes Stück Eisen, so werden wir bald einen roten Niederschlag von metallischem Kupfer auf demselben wahrnehmen.

---

65. Gold ist ein noch wertvolleres Metall als Silber. Es hat eine schöne gelbe Farbe und wird immer als metallisches Gold aufgefunden. In neuerer Zeit wurde viel Gold in Kalifornien und Australien gegraben. Es ist eines der schwersten Metalle, welche wir kennen, und kann sowohl zu sehr feinem Draht ausgezogen, als auch zu sehr dünnen Plättchen vom Goldschläger ausgehämmert werden, dem sogenannten Blattgold, das man häufig zum Vergolden verwendet. Reines Gold ist zur Herstellung von Münzen zu weich; es wird daher gewöhnlich zu dem Gold, aus welchem Münzen geprägt werden sollen, etwas Kupfer hinzugesetzt, wodurch dasselbe eine größere Härte erhält.

Ähnliche Eigenschaften wie das Gold zeigt ein seltenes, weißes Metall, das Platin (siehe Versuch 12). Dasselbe ist aber weit schwieriger schmelzbar als Gold und eignet sich daher außerordentlich zu chemischen Geräten, die nicht allein den Säuren, sondern auch der Hitze widerstehen sollen.

Versuch 55. — Gold löst sich in keiner Säure auf. Wir wollen ein Stück Blattgold nehmen, es in zwei Teile teilen, jeden Teil in ein Probierrohr schieben und auf den einen etwas Salpetersäure, auf den andern etwas Salzsäure gießen. Das Gold wird sich in keinem der beiden Gläser auflösen; gießen wir aber nun den Inhalt beider zusammen, so wird das Metall schnell verschwinden. Wir ersehen daraus, daß, obwohl keine der Säuren für sich allein im stande ist, das Gold aufzulösen, eine Mischung von beiden dies zu tun vermag. Das Gold wird an der Luft nicht verändert, auch nicht wie das Silber durch Berührung mit Schwefel geschwärzt; aus diesem Grunde ist es schon in den frühesten Zeiten vielfach zur Anfertigung von Schmucksachen und Münzen verwendet worden.

Ergebnisse. § XXII.

66. Eine chemische Vereinigung erfolgt nach bestimmten Verhältnissen.

Es wird vorteilhaft sein, einige der wichtigsten Ergebnisse, zu denen uns die Betrachtung des Feuers, der Luft, des Wassers und der Erde führte, näher ins Auge zu fassen. Wir haben jetzt eine bestimmte Vorstellung von einer Anzahl der verschiedenen Stoffe gewonnen, aus denen die Welt besteht. Wir haben gelernt, daß alle die uns umgebenden so mannigfaltigen Gegenstände, seien sie nun fest, flüssig oder gasförmig, gehören sie dem Tier-, Pflanzen- oder Steinreich an, aus einem oder mehreren der chemischen Elemente oder einfachen Körper zusammengesetzt sind. Keiner von diesen Körpern kann in irgend einen anderen verwandelt werden, noch ist irgend einer derselben jemals in zwei neue verschiedene Körper zerlegt worden.

Wir haben ferner gelernt, daß diese Elemente sich miteinander zu zusammengesetzten Körpern vereinigen, die sich alle durch ihre Eigenschaften von den ursprünglichen Elementen unterscheiden, aus denen aber diese ursprünglichen Elemente auf verschiedenen Wegen wieder erhalten werden können. Wir wissen auch, daß das Gewicht einer Verbindung immer genau gleich der Summe der Gewichte der in ihr enthaltenen Elemente ist, und daß bei allen chemischen Umwandlungen, die vor sich gehen, niemals ein Gewichtsverlust stattfindet. Wir können weder Stoff erschaffen noch zerstören.

Der Gebrauch der Wage zum Abwägen der Körper und zum Bestimmen der Zusammensetzung chemischer Verbindungen ist uns jetzt auch hinreichend klar. Die Chemiker müssen alles wägen, was sie untersuchen wollen, um so — wie wir es in Versuch 20 mit dem Wasser taten — ausfindig machen zu können, welche Gewichtsmenge von jedem Element in einer Verbindung enthalten ist. Wir fanden, daß:

sechzehn Gewichtsteile Sauerstoff	16
und zwei Gewichtsteile Wasserstoff	2
achtzehn Gewichtsteile Wasser	18

ausmachen, und es wurde schon damals erwähnt, daß das Wasser seine Elemente immer in denselben bestimmten Verhältnissen enthält. Dasselbe gilt für alle anderen chemischen Verbindungen; sie alle enthalten ihre Elemente immer in bestimmten Verhältnissen. So haben z. B. die Chemiker durch genaue Wägungen gefunden, daß das rote Quecksilberoxyd, das wir zu Versuch 30 benutzten, immer enthält:

16 Gewichtsteile Sauerstoff und
200 Gewichtsteile Quecksilber, die
216 Gewichtsteilen Quecksilberoxyd entsprechen.

Wenn wir also 16 Gramm Sauerstoff darstellen wollen, müssen wir mindestens 216 Gramm von dem roten Pulver anwenden, und wir werden genau die verlangte Menge Sauerstoff erhalten, wenn wir nicht durch Zufall ein wenig verlieren. Begreiflicher Weise können wir aber mit Hilfe eines einfachen Ansatzes auch die Gewichtsmenge von rotem Quecksilberoxyd berechnen, die wir zur Bereitung von irgend einer anderen Menge Sauerstoff nötig haben.

Die wichtige Tatsache, daß dieselben chemischen Verbindungen immer genau dieselbe Zusammensetzung besitzen, kommt bei allen chemischen Umwandlungen, die wir kennen gelernt haben, in Betracht. Wenn wir alle Salpetersäure gewinnen wollen, die wir aus dem geringsten Gewicht Salpeter und Schwefelsäure erhalten können (Versuch 38), so müssen wir auf 98 Teile Schwefelsäure 101 Teile Salpeter nehmen, und wir werden dann immer 63 Teile Salpetersäure bekommen. Verbrennen wir 24 Teile Magnesiumdraht (Versuch 46), so erhalten wir, vorausgesetzt daß dabei nichts verloren geht, immer genau 40 Teile Magnesia.

Hieraus ergibt sich, daß die Elemente sich mit einander nur in bestimmten Gewichtsverhältnissen verbinden; die Zahlen, welche diese Verhältnisse ausdrücken, werden genannt:

67. Die Verbindungsgewichte der Elemente.

Wir haben hier ein Verzeichnis der wichtigsten Elemente, das zugleich ihre Verbindungsgewichte und ihre Zeichen enthält:

Nichtmetallische Elemente.		Metallische Elemente.	
Sauerstoff .	O = 16	Eisen . .	Fe = 56
Wasserstoff	H = 1	Aluminium	Al = 27
Stickstoff .	N = 14	Calcium .	Ca = 40
Kohlenstoff	C = 12	Magnesium	Mg = 24
Chlor . .	Cl = 35	Natrium .	Na = 23
Schwefel .	S = 32	Kalium .	K = 39
Phosphor .	P = 31	Kupfer .	Cu = 63
Silicium .	Si = 28	Zink . .	Zn = 65
		Zinn . .	Sn = 118
		Blei . .	Pb = 207
		Quecksilber	Hg = 200
		Silber .	Ag = 108
		Gold . .	Au = 197

Der Buchstabe, welcher hinter dem Namen eines jeden Elementes steht, ist eine Abkürzung des Namens oder ein für denselben eingeführtes Zeichen; so schreiben wir z. B. nur den Buchstaben P, anstatt das Wort Phosphor ganz auszuschreiben. Zu diesem Zeichen werden gewöhnlich die Anfangsbuchstaben der Wörter genommen; in manchen Fällen wird indessen der Anfangsbuchstabe des lateinischen und nicht des deutschen Namens gebraucht; deshalb steht für Eisen Fe von dem lateinischen Worte Ferrum, für Silber Ag von dem lateinischen Argentum. Die Zahl hinter dem Zeichen eines jeden Elementes gibt das feste Gewichtsverhältnis an, nach welchem sich jenes Element mit den anderen verbindet. Jede von diesen Zahlen ist durch Versuche gefunden worden, d. h. durch Analyse (Zerlegung) der Verbindungen, die jenes Element mit anderen bildet. So finden wir, wenn wir das rote Quecksilberoxyd analysieren, daß 216 Gewichtsteile desselben 200 Gewichtsteile Quecksilber und 16 Gewichtsteile Sauerstoff enthalten; oder wenn wir Schwefel und Kupfer zusammen erhitzen (Versuch 5), bis sie sich verbinden, erfahren wir, daß sich genau 63 Gewichtsteile Kupfer mit 32 Gewichtsteilen Schwefel zu 95 Gewichtsteilen Schwefelkupfer verbinden. Wenn von dem einen der beiden Elemente mehr als diese Menge vorhanden ist, so bleibt der Überschuß unverbunden. Dieselbe Gewichtsmenge Sauerstoff (16 Teile) verbindet sich aber auch mit anderen Metallen als Quecksilber zu Oxyden, und das Gewicht des Metalles, mit welchem sich diese Menge Sauerstoff verbindet, ist entweder das Verbindungsgewicht des Metalles selbst, oder aber ein Gewicht, das in naher Beziehung zu dem Verbindungsgewichte steht. So verbinden sich 16 Gewichtsteile Sauerstoff mit 56 Gewichtsteilen Eisen zu einem Oxyde des Eisens; mit 40 Teilen Calcium zu einem Oxyde des Calciums (dem gebrannten Kalk); mit 65 Teilen Zink, mit 118 Teilen Zinn, mit 207 Teilen Blei zu Oxyden dieser Metalle.

Unsere chemische Zeichensprache bedeutet indessen noch mehr, als oben auseinandergesetzt worden ist. Wenn wir das Zeichen O oder Hg schreiben, so meinen wir damit nicht irgend eine beliebige Gewichtsmenge von Sauerstof oder von Quecksilber, sondern genau das Verbindungsgewicht dieser beiden Elemente. O bedeutet immer 16 Gewichtsteile Sauerstoff und keine andere Gewichtsmenge; Hg bedeutet immer 200 Gewichtsteile Quecksilber und nichts anderes. Dies ist der Grund, weshalb wir in dem Verzeichnis O=16 und Hg=200 angegeben finden.

Wollen wir nun diese chemischen Zeichen auch auf eine Verbindung anwenden, so brauchen wir nur die Zeichen der einzelnen in ihr enthaltenen Elemente neben einander zu stellen. Aus diesem Grunde bedeutet HgO Quecksilberoxyd, und dieses Zeichen sagt uns nicht nur, daß die Verbindung Sauerstoff und Quecksilber enthält, sondern es sagt uns auch, wieviel Sauerstoff und wieviel Quecksilber vorhanden ist, wenn wir uns nur erinnern, daß O 16 und Hg 200 bedeutet. Das chemische Zeichen oder die Formel einer Verbindung drückt also nicht nur die qualitative Zusammensetzung (d. h. welche Bestandteile der Körper enthält), sondern auch die quantitative Zusammensetzung (d. h. wieviel der Körper von jedem seiner Bestandteile enthält) aus. Folglich bedeutet CaO Calciumoxyd oder gebrannten Kalk, und zwar genau 56 Gewichtsteile, 40 Teile Calcium und 16 Teile Sauerstoff enthaltend. ZnO bedeutet Zinkoxyd, aber 81 Gewichtsteile, aus 65 Teilen Zink und 16 Teilen Sauerstoff bestehend. H_2O dagegen bedeutet Wasser, und diese Formel sagt uns, daß zwei H oder 2 Gewichtsteile Wasserstoff mit 16 Gewichtsteilen Sauerstoff zu 18 Gewichtsteilen Wasser verbunden sind.

68. Einige Elemente verbinden sich mit einander in verschiedenen festen Verhältnissen, indem sie mehrere Verbindungen bilden. So vereinigen sich Stickstoff und

Sauerstoff zu fünf verschiedenen Verbindungen, wie folgende Aufzählung beweist.

Die erste Verbindung, welche Stickoxydul oder Stickstoffmonoxyd genannt wird, enthält 28 Gewichtsteile Stickstoff auf 16 Gewichtsteile Sauerstoff.

Die zweite Verbindung, welche Stickoxyd oder Stickstoffdioxyd genannt wird, enthält 28 Gewichtsteile Stickstoff auf 2 mal 16 oder 32 Gewichtsteile Sauerstoff.

Die dritte Verbindung, welche Salpetrigsäure-Anhydrid oder Stickstofftrioxyd genannt wird, enthält 28 Gewichtsteile Stickstoff auf 3 mal 16 oder 48 Gewichtsteile Sauerstoff.

Die vierte Verbindung, welche Untersalpetersäure oder Stickstofftetroxyd genannt wird, enthält 28 Gewichtsteile Stickstoff auf 4 mal 16 oder 64 Gewichtsteile Sauerstoff.

Die fünfte und letzte Verbindung, welche Salpetersäure-Anhydrid oder Stickstoffpentoxyd genannt wird, enthält 28 Gewichtsteile Stickstoff auf 5 mal 16 oder 80 Gewichtsteile Sauerstoff.

Erinnern wir uns jetzt, daß N zugleich 14 und O zugleich 16 bedeutet, so fällt es uns nicht schwer, die Formeln für obige Verbindungen aufzustellen.

Die erste Verbindung enthält 28 Teile oder zwei Verbindungsgewichte Stickstoff auf 16 Teile oder ein Verbindungsgewicht Sauerstoff; daher schreiben wir die Formel dieser Verbindung N_2O *).

---

*) Die kleine Zahl, welche wir unter die Zeichen der Elemente schreiben, bedeutet, daß das Verbindungsgewicht derselben mehr als einmal zu nehmen ist. O_3 bedeutet Sauerstoff = 16 dreimal genommen oder $3 \times 16 = 48$.

Aus demselben Grunde schreiben wir die Formel

der zweiten Verbindung N_2O_2
„ dritten „ N_2O_3
„ vierten „ N_2O_4
„ fünften „ N_2O_5

Wir sehen also, daß die Gewichtsmenge des in den vier letzten Verbindungen enthaltenen Sauerstoffs die zweifache, dreifache, vierfache und fünffache der in der ersten Verbindung vorhandenen ist. Wir wissen aber bereits, daß es nicht möglich ist, eine Verbindung darzustellen, die irgend eine dazwischen liegende Menge Sauerstoff enthält. Wenn wir z. B. versuchen, 28 Gewichtsteile Stickstoff mit 20 Gewichtsteilen Sauerstoff zu verbinden, so wird sich die ganze Menge Stickstoff mit nur 16 Teilen Sauerstoff verbinden und die anderen 4 Teile Sauerstoff werden unverbunden bleiben. Hierdurch gelangen wir zu den beiden wichtigsten Gesetzen, welche sich aus der Betrachtung chemischer Verbindungen ergeben. Diese lauten:

1. die chemische Verbindung der Elemente erfolgt nur zwischen bestimmten Mengen derselben, die man Verbindungsgewichte nennt;
2. die Vereinigung geschieht zwischen den Mehrfachen dieser Verbindungsgewichte, wenn zwei Elemente mehrere Verbindungen mit einander bilden.

---

69. Bedeutung einer chemischen Gleichung.

Wir sind jetzt im stande zu begreifen, daß alle chemischen Umwandlungen, und zwar sowohl die, welche wir erklärt und gesehen haben, als auch die, welche wir jemals sehen werden, sich durch Formeln wiedergeben lassen. Jede Umwandlung ist eine ganz bestimmte, und wir können in jedem einzelnen Falle nicht allein Aufklärung über das erhalten, was stattfindet, sondern auch darüber, wieviel sich von jedem Körper bildet. Ein oder zwei Beispiele werden uns dies beweisen. Wenn wir Salpetersäure darstellen wollen (Versuch 38), so nehmen wir Salpeter (salpetersaures Kalium) und Schwefelsäure; die Salpetersäure destilliert über und schwefelsaures Kalium bleibt in der Retorte zurück. Was geht nun bei dieser Umwandlung vor sich, und wieviel Schwefelsäure und wieviel Salpeter müssen wir anwenden, wenn wir eine unnütze Verschwendung von einem dieser Körper vermeiden wollen? Um dies zu finden, müssen wir die Formel für Salpeter und für Schwefelsäure niederschreiben. Die Formel für Salpeter ist KNO_3*), d. h. er enthält drei Elemente: Kalium, $K = 39$; Stickstoff, $N = 14$; Sauerstoff, $O_3 = 3$ mal 16 oder 48; Schwefelsäure wird geschrieben H_2SO_4, d. h. sie besteht aus Wasserstoff, $H_2 = 2$ mal 1 oder 2; Schwefel, $S = 32$; Sauerstoff, $O_4 = 4$ mal 16 oder 64. Wenn wir diese beiden Verbindungen zusammen mischen, so tritt eine Umwandlung ein; die Hälfte des Wasserstoffs (H) in der Schwefelsäure wechselt den Platz mit der ganzen Menge des Kaliums (K) in dem Salpeter, und es bilden sich zwei neue Körper, nämlich HNO_3, Salpetersäure (die als eine gelbe Flüssigkeit überdestilliert), und $KHSO_4$, schwefelsaures Kalium, das in der Retorte als ein weißes, festes Salz zurück-

---

*) Die Zahl unter einem Buchstaben bezieht sich nur auf diesen, nicht auch auf die übrigen.

bleibt. Diese Umwandlung können wir daher durch eine Gleichung ausdrücken:

Vor der Umwandlung.		Nach der Umwandlung.
Salpeter und Schwefelsäure	geben	Salpetersäure und schwefelsaures Kalium.
$KNO_3 + H_2SO_4$	$=$	$HNO_3 + KHSO_4$

Wir ersehen hieraus genau, was stattfindet; nichts geht verloren; die Salpetersäure und das schwefelsaure Kalium, welche wir erhalten, wiegen zusammen genommen ebensoviel, wie der angewendete Salpeter und die Schwefelsäure. Dies wird noch besser ersichtlich, wenn wir die Zahlen, welche durch die Zeichen vertreten werden, niederschreiben.

$$39 + 14 + 48 \text{ und } 2 + 32 + 64 = 1 + 14 + 48 \text{ und } 39 + 1 + 32 + 64$$
oder
$$101 + 98 = 63 + 136$$

Die Gleichung sagt uns also, daß, wenn wir 101 Gewichtsteile Salpeter und 98 Gewichtsteile Schwefelsäure nehmen, wir genau 63 Gewichtsteile Salpetersäure erhalten, und daß dabei weder Salpeter noch Schwefelsäure als unnützer Überschuß unverbraucht zurückbleibt. Wir begreifen auch leicht, daß uns diese Zahlen instandsetzen, die Menge der beiden Körper zu berechnen, die wir anwende müssen, um irgend eine geforderte Menge Salpetersäure zu gewinnen. Setzen wir den Fall, wir bedürften 10 Pfund Salpetersäure; wieviel Salpeter und Schwefelsäure müssen wir dazu nehmen? Wenn wir 63 Pfund Salpetersäure nötig haben, werden wir 98 Pfund Schwefelsäure und 101 Pfund Salpeter verwenden müssen, für 10 Pfund Salpetersäure also natürlich $^{10}/_{63}$ von 98 Pfund Schwefelsäure und $^{10}/_{63}$ von 101 Pfund Salpeter. Alle Berechnungen dieser Art sind demnach gewöhnliche

Regeldetri-Exempel, und lassen sich mit Hilfe eines einfachen Ansatzes leicht ausführen.

Nehmen wir noch ein anderes Beispiel. Wir stellten früher Wasserstoff dar dadurch, daß wir auf Zink verdünnte Schwefelsäure einwirken ließen (Versuch 15). Die Umwandlung, welche hierbei stattfindet, wird durch folgende Gleichung veranschaulicht:

$Zn + H_2SO_4$	$=$	$H_2 + ZnSO_4$	oder
Zink und Schwefelsäure	geben	{ Wasserstoff und schwefelsaures Zink.	

65 und 2 + 32 + 64 geben 2 und 65 + 32 + 64 oder

65	und	98	geben	2	und	161
Teile Zink		Teile Schwefelsäure		Teile Wasserstoff		Teile schwefelsaures Zink.

Dies sagt uns, daß, wenn wir 65 Pfund Zink und 98 Pfund Schwefelsäure nehmen, wir immer 2 Pfund Wasserstoffgas und 161 Pfund schwefelsaures Zink erhalten müssen. Es versteht sich von selbst, daß wir mit der größten Leichtigkeit das für jede beliebige andere Menge Wasserstoff nötige Gewicht berechnen können.

In gleicher Weise kann jede andere chemische Umwandlung, sobald wir Einsicht in dieselbe gewonnen haben, durch eine Gleichung oder durch Formeln ausgedrückt werden, die uns genau sagen, was dabei vorgeht, wieviel von jedem der verschiedenen beteiligten Körper genommen, und wieviel von jedem der verschiedenen Erzeugnisse gebildet werden muß.

Es ist die Aufgabe des Chemikers, die Natur aller neuen Chemikalien, welche aufgefunden werden, zu erforschen und festzustellen, und er tut dies mit Eifer und Gewissenhaftigkeit; denn er weiß, daß, wenn er einmal die Natur einer Umwandlung mit Sorgfalt festgestellt, und wenn er einmal die Gewichtsverhältnisse, nach welchen die Elemente oder Verbindungen daran teilnehmen, ermittelt, er diese Frage für immer gelöst hat, weil dieselbe chemische Verbindung immer wieder nach denselben unveränderlichen Gesetzen entsteht.

Winke für den Gebrauch der Apparate und für die Ausführung der Versuche.

1. Führe jeden Versuch mindestens einmal sorgfältig durch, bevor er in der Klasse gezeigt wird, und beachte genau die Beschreibung, welche in dem Texte gegeben ist.

2. Reinlichkeit und geschicktes Hantieren sind beim Anstellen der Versuche ebenso notwendig, wie klare Auseinandersetzung beim Lehren.

3. Stelle alles, was für die Versuche nötig ist, die an einem Tage gemacht werden sollen, in guter Ordnung auf einem Tische auf, damit keine Verwirrung und Verzögerung entstehe. Kein noch so geringfügiger Umstand, der von Einfluß auf das Gelingen der Versuche sein kann, darf als unwichtig angesehen werden. Prüfe vorher, ob die Stopfen der Flaschen, die gebraucht werden sollen, noch locker sitzen, damit nicht Zeit durch das zuweilen nötige gewaltsame Öffnen derselben verloren gehe.

4. Wenn die Stunde vorüber ist, reinige die Apparate sorgfältig und stelle sie samt den vorgezeigten Proben in einen verschließbaren Kasten oder Schrank. Viele Säuren, namentlich Schwefel- und Salpetersäure, sind sehr ätzende Flüssigkeiten; der Phosphor ist wegen seiner leichten Entzündlichkeit gefährlich; außerdem sind diese und manche andere erforderlichen Körper giftig, so daß es am besten ist, alle dem Bereiche der Schüler vollständig zu entziehen und sie im Privatzimmer des Lehrers aufzubewahren.

5. Den älteren und weiter vorgerückten Schülern, denen schon einmal durch die Hand des Lehrers die ganze Versuchsreihe vorgeführt wurde, dürfte es zu ihrem großen Vorteil gestattet werden, unter seiner Aufsicht selbst die Versuche anzustellen.

Bemerkungen zu den Versuchen.

Versuch 1. — Wenn der Hals der Flasche sehr weit sein sollte, so muß die Öffnung mit einem Kartenblatte zugedeckt werden, da sonst eine für das Weiterbrennen der Kerze genügende Menge frischer Luft hineintreten kann.

Versuch 3. — Das Rohr, welches das Ätznatron enthält, muß nach jedem Versuche an beiden Enden sorgfältig zugekorkt werden, um zu verhindern, daß das Ätznatron Kohlensäure und Feuchtigkeit aus der Luft aufnimmt. Wenn dasselbe Ätznatron mehrere Male zu dem Versuche benutzt worden ist, so muß das Rohr ausgeputzt und mit frischen Ätznatronstücken gefüllt werden.

Versuch 5. — Derselbe kann auch in einem Probierrohr ausgeführt werden. Unterlasse nicht, die Kupferspäne stark zu erhitzen, bevor der Schwefel kocht, weil sonst das Erglühen nicht deutlich genug hervortritt.

Versuch 6. — Sei beim Zerschneiden des Phosphors, das nur unter Wasser vorgenommen werden darf, sehr vorsichtig. Trockne dann das Stückchen Phosphor schnell mit etwas Fließpapier und bringe es mittelst eines trockenen Messers oder einer kleinen Zange auf das schwimmende Schälchen.

Versuch 10. — Derselbe kann nicht gut im Winter gezeigt werden, weil da das Licht nicht stark genug ist.

Versuch 12. — Die Instandsetzung der Grove'schen Batterie wird auf folgende Weise bewerkstelligt:

Miß in ein Waschbecken einen Liter Wasser hinein, gieße allmählich 60 Kubikzentimeter oder 100 Gramm konzentrierte Schwefelsäure oder Vitriolöl hinzu und laß die Flüssigkeit nach dem Umrühren stehen, bis sie kalt geworden ist. Sieh darauf, daß alle Klammern und Metallverbindungen blank sind; wenn dies nicht der Fall ist, so reinige sie mit Sandpapier. Stelle die Batterie zusammen, d. h. bringe die porösen Zellen mit den bereits darin befindlichen Platinplatten in die das Zink enthaltenden Zellentöpfe und füge die Verbindungsstücke mittelst der Klammern fest aneinander. Gieße von der verdünnten Schwefelsäure in die äußeren Zellentöpfe, bis sie beinahe voll sind, und fülle dann vorsichtig die porösen Zellen mit Hilfe eines Trichters nahezu ganz mit starker Salpetersäure an. Die Batterie ist nun zum Gebrauche fertig. Nach dem Gebrauche werden Schwefelsäure und Salpetersäure in für sie bereit gehaltene Flaschen zurückgegossen, wofern die Batterie nicht lange in Tätigkeit gewesen ist; andernfalls sind die Säuren wegzuschütten. Die porösen Tonzellen und die Zinkstücke müssen eine Nacht hindurch in Wasser liegen und dann an ihren Platz zurückgestellt werden. Wenn sich an den Zinkstücken, während sie in der Säure stehen und die Verbindungsdrähte der Batterie nicht mit einander in Berührung sind, Gasblasen mit Heftigkeit entwickeln, so müssen sie von neuem amalgamiert werden. Dies geschieht, indem man die Oberfläche des Zinkes mit etwas Salzsäure abwäscht und dann, zusammen mit der Säure, etwas Quecksilber über das Metall gießt. Wiederholt man dies mehrere Male, so nimmt das Metall einen gleichmäßigen, starken Glanz an und löst sich in der Schwefelsäure nicht mehr auf, so lange die Drähte nicht mit einander verbunden sind.

Versuch 16. — Die Vereinigung von Natrium und Quecksilber wird immer von einer leichten Explosion begleitet, die aber ganz ungefährlich ist. Nimm jedesmal auf einen Raumteil Natrium fünf Raumteile Quecksilber.

Versuch 17. — Es ist am besten, die Mischung von Schwefelsäure und Wasser (einen Raumteil Schwefelsäure auf sechs Raumteile Wasser) im voraus zu machen. Die Säure wird in dünnem Strahl ins Wasser gegossen und die Mischung umgerührt.

Versuch 20. — Anstatt der Kugelröhre A kann ein Stück einer weiten Glasröhre von schwer schmelzbarem Glas ohne Kugel dienen, welches mit einem Kork an der Röhre E befestigt und am anderen Ende so, wie aus der Abbildung ersichtlich, ausgezogen ist.

Wenn man nicht nahezu 10 Gramm Kupferoxyd nimmt, wird die Menge des entstehenden Wassers für die Wägung zu klein. Nach Beendigung des Versuches muß das reduzierte metallische Kupfer dadurch wieder oxydiert werden, daß man es in einem offenen Porzellantiegel mit der Flamme erhitzt. Das wiedererzeugte Oxyd besitzt wieder das ursprüngliche Gewicht und kann zu einer Wiederholung desselben Versuches gebraucht werden.

Versuch 31. — Damit die durch die Oxydation erfolgende Gewichtszunahme deutlich hervortritt, muß der Magnet gut, die Eisenfeile sehr fein und die Wage empfindlich sein. Eine andere Art und Weise, die durch Aufnahme von Sauerstoff erfolgende Gewichtszunahme ersichtlich zu machen, ist die, welche eben erwähnt wurde, und darin besteht, daß man reduziertes Kupfer an der Luft erhitzt.

Versuch 36. — Es erfordert einige Übung, das Gas am Ende der Röhre beständig in Brand zu halten.

Versuch 40. — In kleinen Räumen darf eine Chlorentwickelung nur bei offenen Fenstern vorgenommen werden.

Versuch 52. — Beim Gebrauche des Lötrohres muß der Luftstrom mit Hilfe der Backen und nicht direkt durch die Lunge hervorgebracht werden; es gelingt leicht, die

Backen aufgeblasen zu halten, so lange es erforderlich ist, wenn man während dieser Zeit ausschließlich durch die Nase Atem holt.

Verzeichnis der Apparate, die zu jedem Versuch erforderlich sind.

Nummer des Versuches.

1. Eine Wachskerze auf einem Halter aus Draht.
3. Ein weites Glasrohr mit einer Wachskerze darin und Drahtschlingen zum Aufhängen desselben.
   Eine Apothekerwage und Gewichte von 50 Gramm abwärts.
5. Ein Kochfläschchen von etwa 50 Gramm Inhalt, ein eiserner Dreifuß, ein Bunsen'scher Brenner mit einem Meter Kautschukschlauch.
   (An dessen Stelle kann auch eine Spirituslampe verwendet werden.)
6. Eine Glasglocke, ein Schälchen zur Aufnahme des Phosphors.
12. Ein Apparat zum Zersetzen des Wassers durch Elektrizität, dazu zwei Sammelröhren und Draht zum Befestigen derselben.
   Eine Grove'sche Batterie von 4 Elementen in einem Holztroge, nebst Leitungsdrähten.
14. Eine gläserne Reibschale mit Stößel, ein Glaszylinder.
15. Ein Glaskolben zur Wasserstoffentwicklung, mit Trichterröhre und Ableitungsröhre.
   Eine Wasserwanne aus Steingut mit einer Blechbrücke.
   Vier weithalsige Flaschen von 1 Pfund Inhalt zum Auffangen des Gases.
   Drei Untertassen zum Hineinstellen der Flaschen.

Nummer des
Versuches.

20. Ein Glaskolben von 1 Pfund Inhalt, eine Waschflasche, zwei U-förmig gebogene Chlorcalciumröhren und eine Röhre von schwer schmelzbarem Glase zur Aufnahme des Kupferoxydes.

21. Zwei tubulierte Glasretorten von einem halben Pfund Inhalt.

Eine Retortenhalter mit drei Ringen und einer Klammer für Probierröhren.

23. Zwei Abdampfschalen von Porzellan, die erste von einem Pfund, die zweite von einem Viertelpfund Inhalt.

25. Zwei Glastrichter von 1 Dezimeter Durchmesser und 100 Papierfilter.

31. Ein Hufeisenmagnet.

32. Ein Spatelmesser.

37. Ein Eisendrahtnetz, 2 Dezimeter im Quadrat groß.

42. Ein Eisenblechschälchen oder ein Sandbad.

44. Ein Dutzend Probierröhren, 1 1/2 Dezimeter lang, ein Probierrohrhalter.

Ein Gestell für 12 Probierröhren.

Ein Lötrohr, zwei Feilen (eine runde und eine dreikantige).

Ein Pfund Glasröhren, zwei Dutzend Korke.

Obige Apparate werden von C. Desaga in Heidelberg, Erhardt und Metzger in Darmstadt, C. Gerhardt in Bonn, Warmbrunn, Quilitz & Co. in Berlin, Hermann Rohrbeck in Berlin und Hugershof in Leipzig geliefert.

Verzeichnis der notwendigen Chemikalien.

	Pfund.		Gramm.
Schwefelsäure . . .	4	Alaun	100
Salpetersäure . . .	3	Stangenschwefel . .	100
Salzsäure	2	Schwefelblumen . .	100
Kalkwasser	1	Salpetersaur. Kalium	100
	mm.	Schwefeleisen . . .	50
Ammoniak (Lösung)	100	Zink	50
Kalilauge "	100	Kupferdrehspäne . .	50
Kohlensaures Natrium "	100	Kupferoxyd	50
Chromsaures Kalium "	100	Schwefelsaures Kupfer	50
Ferrocyankalium "	100	Antimon	50
Salpetersaures Silber "	100	Quecksilber	50
Lakmus "	100	Essigsaures Blei . .	50
Indigo "	100	Rizinusöl	50
Chlorcalcium . . .	200	Ätznatron	50
Marmor	200	Entwässerte Soda .	25
Eisenfeile	200	Phosphor gelb . .	20
Gebrannter Kalk . .	100	" rot . . .	10
Gips	100	Zinnoxyd	10
Ton	100	Quecksilberoxyd . .	10
Chlorkalk	100	Kalium	5
Braunstein	500	Natrium	5
Soda in Kristallen .	100	Blattgold . .	6 Blätter
		Magnesiumdraht	1/2 Meter
		Lakmuspapier .	1 Buch
		Holzkohle . .	1 Stück

43 (verschiedene) Flaschen für die eben aufgezählten Chemikalien und Präparate.

Die erforderlichen Chemikalien sind größtenteils in allen Apotheken und Materialwarenläden vorrätig. Vollständig finden sich dieselben, sowie auch die meisten der nachstehend aufgeführten Proben, in den chemischen Fabriken von E. Merck in Darmstadt, Cl. Marquart im Bonnerthal bei Bonn, E. Schering in Berlin, Kahlbaum in Berlin, H. Trommsdorff in Erfurt und Th. Schuchardt in Görlitz.

Verzeichnis der zum Vorzeigen erforderlichen Proben.*

Aluminium.
Zinn.
Blei.
Silber.
Stabeisen.
Gußeisen.
Stahl.
Galvanisiertes Eisen.
Roteisenerz
Eisenoxyd.
Schwefelsaures Eisen.
Bronze.
Messing.
Neusilber.
Zinnstein.
Bleiglanz.
Galmei.
Zinkblende.
Bleiweiß.
Mennige.
Bleiglätte.
Zinnober.
Weißer Sand.
Roter Sand.
Feuerstein.
Quarz.
Graphit.
Steinsalz.
Schwefelsaures Natrium.
Salpetersaures Natrium.
Kohlensaures Kalium.
Chlorsaures Kalium.
Knochenasche.
Kalkstein.
Schwefelsaures Magnesium.

* Diese Proben werden am besten in (35) weithalsigen Flaschen von etwa 50 Gramm Inhalt aufbewahrt.

Fragen und Aufgaben.

§ I. Feuer.

1. Was erfolgt, wenn eine brennende Wachskerze in eine reine Glasflasche mit engem Halse gebracht wird?

2. Wie kann man nachweisen, daß die Luft in der Flasche, nachdem die Kerze in ihr gebrannt hat, nicht mehr dieselbe Beschaffenheit besitzt wie vorher, ehe die brennende Kerze hinein gebracht wurde?

3. Wodurch wird das Milchigwerden des Kalkwassers verursacht?

4. Wie kann man farbloses Kohlensäuregas von farbloser Luft unterscheiden?

5. Woher stammt das Kohlensäuregas, welches beim Brennen der Kerze gebildet wird?

6. Wie kann man zeigen, daß sich Kohlenstoff oder Ruß aus dem Wachs der Kerze erhalten läßt?

7. Beschreibe einen Versuch, welcher beweist, daß Wasser beim Brennen einer Kerze gebildet wird.

8. Welche vier Dinge lehrt das Brennen einer Kerze?

9. Woraus schließen wir, daß das Wachs der Kerze nicht verloren gegangen oder zerstört worden ist, sondern nur seine Beschaffenheit geändert hat?

10. Könnte jemand vorher sagen, daß das Wachs sich in zwei vollständig verschiedene Körper beim Brennen der Kerze umwandeln würde?

11. Wie erfährt man etwas über diese Dinge?

12. Weshalb wird die Chemie eine Experimental-Wissenschaft genannt?

§ II. Feuer.

1. Was wird aus allen den Kohlen, die den ganzen Tag über in den Ofen geschüttet werden?

2. Beschreibe einen Versuch, der beweist, daß das beim Brennen einer Kerze gebildete Kohlensäuregas und Wasser zusammen mehr wiegt als die unverbrannte Kerze.

3. Wie läßt sich dieses erklären?

4. Nenne einige Beispiele von chemischen Vereinigungen.

5. Was ist Sauerstoffgas, und wo findet sich dasselbe?

6. Welcher allgemein giltige Satz hat sich bei weiteren Versuchen über die Vernichtung und Erschaffung von Körpern ergeben?

7. Wie kann man zeigen, daß sich Wärme entwickelt, wenn eine chemische Vereinigung stattfindet?

8. Weshalb wird gebrannter Kalk heiß, wenn man Wasser darauf gießt?

9. Was zeigt sich, wenn blanke Kupferdrehspäne und gelber Schwefel in einem Kölbchen zusammen erhitzt werden?

10. Was ist der schwarze Körper, der nach diesem Versuch in dem Kölbchen sich vorfindet?

11. Welcher Vorgang findet statt, wenn ein Heuhaufen brennt?

§ III. Luft.

1. Was ist der Wind?

2. Wie kann man durch Versuche zeigen, daß zwei Arten unsichtbarer Gase in der Luft enthalten sind?

3. Welche Namen hat man denselben gegeben?

4. Durch welche Eigenschaften unterscheiden sich diese Gase von einander?

§ IV. Luft.

1. Welcher Bestandteil der Luft wird von den Tieren beim Atmen verbraucht?

2. Bringen Menschen oder Tiere eine chemische Veränderung in der Luft hervor, die sie einatmen?

3. Wie läßt sich durch einen einfachen Versuch zeigen, daß dies der Fall ist?

4. Was geschieht mit dem Sauerstoffe der Luft, wenn er in der Lunge vom Blut aufgenommen wird?

5. Wie kann man zeigen, daß ein Stück Fleisch Kohlenstoff enthält?

6. Weshalb ist der Körper der Tiere wärmer, als die uns umgebenden leblosen Gegenstände?

§ V. Luft.

1. Wie kann man beweisen, daß Kohlenstoff in den Pflanzen enthalten ist?

2. Woher erhalten wachsende Pflanzen den Kohlenstoff, welchen sie für ihr Wachstum bedürfen?

3. Was geschieht, wenn man etwas klares Kalkwasser in ein flaches Gefäß gießt und dasselbe einige Minuten an der Luft stehen läßt?

4. Welchen Zweck erfüllt das Kohlensäuregas, das in der Luft enthalten ist?

5. Beschreibe einen Versuch, der zeigt, daß Pflanzen im Sonnenlichte die Kohlensäure der Luft zu zerlegen und Sauerstoff als Gas in Freiheit zu setzen vermögen.

6. Welcher Unterschied besteht zwischen dem Atmen der Pflanzen und der Tiere?

§ VI. Wasser.

1. Nenne die drei verschiedenen Zustände, in welchen uns das Wasser bekannt ist.

2. Wenn wir dem Eise Wärme zuführen, so schmilzt es zu Wasser, und wenn die Erwärmung andauert, so kommt das Wasser ins Kochen. Was geschieht aber, wenn wir einen elektrischen Strom durch das Wasser leiten?

3. Mache eine Zeichnung, die den zur Wasserzersetzung dienenden Apparat darstellt.

4. Wie kann man erfahren, welches der beiden Gase Sauerstoff und welches Wasserstoff ist?

5. Kann Wasserstoff auch auf andere Weise aus Wasser erhalten werden?

6. Was geschieht, wenn Kaliummetall auf Wasser geworfen wird?

7. Wie kann der Wasserstoff, der sich dabei entwickelt, aufgefangen werden, und wie kann man sich vergewissern, daß das Gas Wasserstoff ist und kein Sauerstoff?

§ VII. Wasser.

1. Wie kann Wasserstoff vermittelst Zink, Schwefelsäure und Wasser dargestellt werden?

2. Was muß man mit zwei Flaschen voll Wasserstoff tun, um zu zeigen, daß dieses Gas brennt und leichter als Luft ist?

3. Was bildet sich bei der Verbrennung von Wasserstoff, und welcher Versuch dient als Beweis für die Richtigkeit der Antwort?

4. Wie läßt sich beweisen, daß kein Kohlensäuregas gebildet wird, wenn Wasserstoff in der Luft verbrennt?

5. Zeichne den Wasserstoffentwicklungs-Apparat und die Vorrichtung zum Auffangen des Gases.

6. Enthält Wasser noch irgend etwas anderes als Sauerstoff und Wasserstoff?

§ VIII. Wasser.

1. Zeichne eine Wage.

2. Was geschieht, wenn Wasserstoffgas über erhitztes Kupferoxyd geleitet wird?

3. Beschreibe die Anordnung eines Apparates, der zur Ermittelung der Gewichtszusammensetzung des Wassers dient.

4. Wie kann man durch den Versuch zeigen, daß Wasser 16 Gewichtsteile Sauerstoff und 2 Gewichtsteile Wasserstoff enthält?

5. Wenn man einmal genau die chemische Zusammensetzung des Wassers festgestellt hat, ist es dann noch notwendig, dies zu wiederholen? Wenn nicht, weshalb?

§ IX. Wasser.

1. Welcher Unterschied besteht zwischen Quell- oder Brunnenwasser und Meerwasser?

2. Wie kann man das Salz aus Meerwasser gewinnen?

3. Welchen Weg muß man einschlagen, um süßes oder trinkbares Wasser aus Meerwasser zu erhalten?

4. Beschreibe eine Prüfungsweise, durch die man noch geringere Mengen von Salz in Wasser ermitteln kann, als durch den Geschmack.

5. Was versteht man unter „Lösung“ und „Kristallisation“?

6. Was geschieht, wenn man Kristalle von Alaun und Kupfervitriol in Wasser löst und darauf die Lösung abdampft?

7. Wodurch unterscheiden sich die Kristalle von Alaun und Kupfervitriol?

§ X. Wasser.

1. Wie gelangt der Regen hinauf in die Wolken?

2. Weshalb bleibt die einmal zum Himmel aufgestiegene Feuchtigkeit nicht immer dort?

3. Welchen Grund haben wir, zu behaupten, daß Regen destilliertes Wasser sei?

4. Woher stammt ursprünglich jeder Tropfen laufenden Wassers auf der Erde?

5. Wie kann man Sand oder Schmutz aus Wasser entfernen?

6. Welcher Unterschied besteht zwischen aufgeschwemmten und aufgelösten Körpern?

7. Was geschieht, wenn Zucker oder Salz mit Wasser geschüttelt wird? Kann der Zucker oder das Salz durch Filtrieren vom Wasser wieder getrennt werden?

8. Wie kann man prüfen, ob Wasser „weich“ oder „hart“ ist? Wie steht es mit Regenwasser, ist dasselbe jemals hart?

9. Wie kann man weiches Wasser durch Gips hart machen?

§ XI. Wasser.

1. Was geschieht, wenn man längere Zeit Luft mit dem Munde durch klares Kalkwasser bläst?

2. Weshalb wird das milchige Kalkwasser bei diesem Versuche wieder klar?

3. Wie kann man zeigen, daß dieses klare Wasser Kreide aufgelöst enthält?

4. Auf welche Weise kann Wasser in großem Maßstabe weich gemacht werden, das seine Härte aufgelöstem kohlensaurem Kalk verdankt?

5. Das Wasser der Werra, des Neckars, der Zorn, und auch das Wasser der Lippe, der Saar, des Lechs ist hart. In welcher Beziehung

sind dieselben verschieden, und wie läßt sich diese Verschiedenheit erklären?

6. Weshalb findet man oft eine feste Rinde oder Kruste in Kesseln und Kochtöpfen?

7. Weshalb ist das Brunnenwasser in den Städten häufig unbrauchbar zum Trinken?

8. Wie werden große Städte mit gutem Trinkwasser versorgt?

9. Wie erhalten die Fische den Sauerstoff, welchen sie nötig haben?

10. Weshalb stirbt ein Fisch bald, wenn er in kaltes Wasser gebracht wird, das tüchtig gekocht und dann der Luft nicht ausgesetzt worden ist?

§ XII. Erde.

1. Wodurch erfahren wir, daß das Innere der Erde heiß genug ist, um Felsmassen zu schmelzen?

2. Was verursacht das „Aufbrausen", wenn Kreide mit Salzsäure übergossen wird?

3. Wie kann man zeigen, daß die Flasche in Versuch 29 mit Kohlensäuregas gefüllt wird?

4. Wie kann Kreide in gebrannten Kalk umgewandelt werden?

5. Erkläre, weshalb die Kreide eine chemische Verbindung genannt wird.

§ XIII. Erde.

1. Beschreibe einen Versuch, durch welchen man Sauerstoff aus rotem Quecksilberoxyd erhält und zeichne den dazu erforderlichen Apparat.

2. Weshalb wird dieses rote Pulver Quecksilberoxyd genannt?

3. Wenn wir 216 Gramm Quecksilberoxyd hätten, wie viel Gramm Quecksilber und Sauerstoff könnten wir daraus erhalten, vorausgesetzt natürlich, daß bei dem Versuche nichts verloren ginge?

4. Was versteht man unter Oxydation? Gib einige bekannte Beispiele von Oxydationen an.

5. Wie kann man durch einen Versuch beweisen, daß Eisen beim Rosten schwerer wird?

6. Welche Versuche zeigen, daß in manchen erdigen Körpern Metalle enthalten sind?

7. Wie kann man metallisches Blei aus weißem „Bleizucker" erhalten?

§ XIV. Erde.

1. Wo kommt die Steinkohle vor, und wie wird sie gewonnen?

2. Wie kann man wissen, daß dort Pflanzen verschüttet wurden, wo Steinkohle sich vorfindet?

3. Woraus schließen wir, daß Steinkohle Kohlenstoff und Wasserstoff enthält?

4. Wie kann man Leuchtgas mit Hilfe einer Tabakspfeife machen?

5. Wie wird Leuchtgas im großen dargestellt, aufgesammelt und in der Stadt verteilt?

6. Was bleibt in dem Pfeifenkopf oder der „Retorte" zurück, wenn das Leuchtgas entwichen ist?

7. Weshalb geben einige Arten von Steinkohle mehr Gas als andere?

8. Was entsteht außer Gas bei der Destillation von Steinkohle?

9. Schreibe einen kurzen Aufsatz über die Verwendung der Steinkohle.

§ XV. Erde.

1. Weshalb leuchtet die Wasserstoffflamme sehr schwach, die Leuchtgasflamme dagegen stark?

2. Betrachte eine Kerzenflamme und mache eine Zeichnung von ihren verschiedenen Teilen.

3. Inwiefern gleicht eine brennende Kerze einem Gaswerke?

4. Wie kann man zeigen, daß der dunkle Kegel im Innern einer Kerzenflamme von unverbranntem Gase erfüllt ist?

5. Was verursacht die schrecklichen Explosionen in Kohlengruben?

6. Worauf beruht die Davy'sche Sicherheitslampe?

7. Zeichne eine Sicherheitslampe.

§ XVI. Elemente und zusammengesetzte Körper.

1. Was bedeuten die Ausdrücke „einfache Körper" oder „Elemente" und „zusammengesetzte Körper" oder „Verbindungen"? Nenne einige Beispiele von beiden Arten von Körpern.

2. Wie viele einfachen Körper kennen wir?

3. Schreibe die Namen der wichtigeren Elemente auf, teile diese aber gleich in Metalle und Nichtmetalle.

4. Verbinden sich am leichtesten die Elemente mit einander, die sich am ähnlichsten sind, oder die, welche die größte Verschiedenheit zeigen?

§ XVII. Nichtmetallische Elemente.

1. Gib die hauptsächlichsten Eigenschaften des Sauerstoffgases an.

2. Wie kann man dasselbe leicht erhalten?

3. Wie zeigt man, daß die beim Verbrennen von Schwefel und Phosphor in Sauerstoff entstehenden Körper Säuren sind?

4. Kommt Wasserstoff in freiem Zustande in der Luft vor?

5. Wie kann man zeigen, daß Wasserstoff leichter als Luft ist?

6. Es sollen drei Flaschen mit drei verschiedenen farblosen Gasen gefüllt sein: wie ermittelt man, welche Flasche Sauerstoff, welche Luft, und welche Wasserstoff enthält?

7. Wie kann man Stickstoff aus der Luft absondern?

8. Nenne einige Verbindungen, die Stickstoff enthalten.

9. Wie wird Salpetersäure dargestellt? Welche Eigenschaften hat dieselbe?

10. Erkläre die Wörter Säure, Alkali und Salz.

11. Was entsteht, wenn Ätzkali mit Salpetersäure vermischt wird?

12. Wie kann man beweisen, daß der Diamant Kohlenstoff ist?

13. Durch welchen Versuch läßt sich zeigen, daß der weiße Zucker schwarzen Kohlenstoff enthält?

14. Was würde die Folge sein, wenn das Element Kohlenstoff nicht auf der Erde vorhanden wäre?

§ XVIII. Nichtmetallische Elemente.

1. Welche Elemente enthält das Steinsalz?

2. Wie kann man Chlor aus Kochsalz darstellen?

3. Gib die hauptsächlichsten Eigenschaften des Chlors an.

4. Wie kann man zeigen, daß der weiße Bleichkalk Chlor enthält?

5. Was nimmt man wahr, wenn ein Stückchen gelber Schwefel in einem Löffel über der Flamme erhitzt wird?

6. Weshalb wird der Schwefel zur Herstellung des Schießpulvers benutzt?

7. Nenne einige bekannte Körper, welche Schwefel enthalten.

8. Welche chemische Zusammensetzung haben gebrannte Knochen?

9. Wie kann man wissen, daß es zwei verschiedene Arten von Phosphor gibt? Wie unterscheiden sich dieselben?

10. Weshalb wird Phosphor zur Herstellung von Streichhölzchen gebraucht?

11. Warum entzünden sich die schwedischen Zündhölzchen nur an der Schachtel?

12. Woraus besteht der Bergkristall?

13. Wie wird Glas gemacht, und was enthält dasselbe?

§ XIX. Metalle.

1. Gib einige der wichtigsten Verwendungen des Eisens an.

2. Zu welchen besonderen Zwecken wird Schmiedeeisen und zu welchen Gußeisen gebraucht?

3. Wie wird Gußeisen gewonnen, und welcher chemische Unterschied besteht zwischen ihm und dem Schmiedeeisen?

4. Was ist Stahl, wie erhält man denselben, und welches sind seine hauptsächlichsten Eigenschaften?

5. Was geschieht, wenn Eisenfeile mit verdünnter Schwefelsäure übergossen wird? Ist der Vorgang bei Anwendung von Schwefeleisen derselbe?

6. Wie kann man zeigen, daß dabei grüner Vitriol oder schwefelsaures Eisen gebildet wird?

7. Wie heißt das Metall, welches im Ton enthalten ist? Nenne einen andern Körper, der dasselbe Metall enthält.

8. Welche chemischen Zusammensetzungen haben: 1) gebrannter Kalk, 2) Marmor, 3) Gips, 4) Knochenerde?

9. Wie wird Chlorcalcium dargestellt?

10. Schreibe den Vorgang nieder, der beim Vermischen einer Lösung von Chlorcalcium mit einer Lösung von kohlensaurem Natrium stattfindet.

11. Was entsteht, wenn Magnesiumdraht in der Luft verbrannt wird?

12. Wie kann man Bittersalz aus dem weißen Pulver erhalten, das beim Verbrennen des Magnesiums gebildet wird?

§ XX. Metalle.

1. Weshalb muß Natrium unter Steinöl aufbewahrt werden?

2. Was geschieht, wenn Natrium in einem Löffel in der Luft erhitzt wird?

3. Schreibe ein Verzeichnis einiger Natriumverbindungen, das die gewöhnlichen Namen, die chemischen Namen und die Bestandteile derselben enthält.

4. Wo wird Steinsalz und Kochsalz gewonnen?

5. Was geschieht, wenn man Kochsalz mit Schwefelsäure übergießt?

6. Wie heißt das Metall, welches in der Pottasche enthalten ist?

7. Wie wird Seife dargestellt? Welcher Unterschied besteht zwischen weichen und harten Seifen?

§ XXI. Metalle.

1. Was enthält das gewöhnliche „Erz“ des Kupfers? Nenne einige Verwendungen des Kupfers.

2. Wie kann salpetersaures Kupfer erhalten werden? Welche Farbe hat dasselbe?

3. Was geschieht, wenn Kupfer an der Luft erhitzt wird?

4. Wie heißen die gewöhnlichen Zinkerze?

5. Wozu wird das Zink gebraucht? Welche Farbe hat es, und wie sind seine Salze gefärbt?

6. Wie kann man Kristalle von schwefelsaurem Zink erhalten?

7. Wozu benützt man das Zinn?

8. Was ist ein Lötrohr? Wie kann man Kügelchen von Zinn aus etwas gepulvertem erdigen Zinnstein gewinnen?

9. Wo kommt Bleierz vor, wie wird dasselbe genannt, und welche Zusammensetzung hat es?

10. Wozu dient das Blei?

11. Nenne einige der wichtigeren Bleiverbindungen.

12. Welches sind die chemischen Namen von Bleiweiß, Mennige und Reißblei?

13. Wodurch unterscheidet sich das Quecksilber von allen anderen Metallen? Weshalb heißt es Quecksilber?

14. Wie kann man beweisen, daß ein Fünfzigpfennigstück sowohl Silber wie auch Kupfer enthält?

15. Welchen großen Vorzug hat Gold vor Silber bei der Verwendung als Schmuck?

§ XXII. Ergebnisse.

1. Wie viel Gramm Wasser muß man wenigstens anwenden, um 2 Gramm Wasserstoff zu erhalten?

2. Welches ist die größtmögliche Menge: 1) von Quecksilber und 2) von Sauerstoff, die man durch Erhitzen von 216 Gramm Quecksilberoxyd gewinnen kann?

3. Welches Verbindungsgewicht hat der Sauerstoff und welches das Quecksilber?

4. Schreibe die chemischen Formeln: 1) des Quecksilberoxydes, 2) des gebrannten Kalkes, 3) des Wassers, 4) der Schwefelsäure und 5) der Salpetersäure.

5. Wenn N 14 und O 16 bedeutet, welche Gewichtszusammensetzung haben dann die fünf uns bekannten Oxyde des Stickstoffes?

6. Schreibe die chemische Gleichung auf, welche die Umsetzung veranschaulicht, die bei der Einwirkung von Schwefelsäure auf Salpeter stattfindet.

7. Welche Mengen von Salpeter und Schwefelsäure muß man mindestens anwenden, um 63 Pfund Salpetersäure zu erhalten?

8. Zeige durch eine Gleichung, daß man aus 65 Pfund Zink und 98 Pfund Schwefelsäure immer 2 Pfund Wasserstoff und 161 Pfund schwefelsaures Zink bekommen muß, wenn nichts verloren geht.

9. Berechne die Zusammensetzung von je 100 Gewichtsteilen H_2O, HNO_3, H_2SO_4, KNO_3, $KHSO_4$.

Im gleichen Verlag ist erschienen:

Geikie, A., Kurzes Lehrbuch der physikalischen Geographie. Autorisierte deutsche Ausgabe von Dr. Bruno Weigand. Mit 79 Holzschnitten und 10 Karten. 8. XII, 356 S. M. 3.—, gebunden M. 4.—.

„Wir mögen dem Buche gern zugestehen, daß es eines der anregendsten Lehrbücher ist, welches wir überhaupt kennen."
Literar. Centralblatt 1881. Nr. 48.

„Geikies Darstellungskunst ist groß; er schreibt klar, gründlich und populär zugleich. Jeder Lehrer, der sich über die genannten teilweise recht schwierigen Gebiete rasch orientieren will, behufs des eigenen Unterrichts, sei es in Geographie oder Physik, kann kaum ein ratsameres Hülfsbuch zur Hand nehmen."
Prof. Kirchhoff, in der Zeitschr. f. Gymnasial-Wesen. 1881. XI.

Geikies Elementary Lessons in physical Geography, die 1878 erschienen sind, haben den Zweck, durch einfache, methodische und fesselnde Beschreibung der Erdoberfläche in die Naturwissenschaften einzuführen und so die physikalische Geographie zu einem wertvollen Erziehungsmittel zu erheben, wozu diese Wissenschaft im höchsten Maße befähigt ist. Und jedermann, der gern mit offenem Auge in die Natur hineinschaut, wird mit Freuden das Buch lesen; für die Jugend, in welcher erst für das Leben ringsher und namentlich für seine strenge und harmonische Gesetzmäßigkeit der Sinn geweckt werden soll, ist es in seiner Klarheit, Allseitigkeit strengwissenschaftlichen Begründung und doch leichten Faßlichkeit unschätzbar, und auch der Fachmann, wie der Referent gern von sich bekennt, liest dasselbe mit wirklichem Genuß und nicht ohne mannigfache Anregung.

In Deutschland ist der Sinn für die große Gesamtnatur, ihre Bewegungen und Gesetze noch keineswegs so ausgebildet, als man wünschen muß; denn nichts befreit mehr von „Philisternetzen" als dieser Sinn. Gerade deshalb sei das Buch ganz besonders empfohlen, namentlich als eine höchst anregende, pädagogisch wertvolle Lektüre für die Jugend. Keiner Schulbibliothek sollte dieses Werk fehlen, welches auch der Lehrer mit großem Nutzen gebrauchen wird. Weigands Uebersetzung ist vortrefflich; sie liest sich wie Original, da sie durchaus selbständig behandelt und überall, worauf besonders hingewiesen sei, für Standpunkt und Interesse des deutschen Lesers, eingerichtet und erweitert ist. Die Ausstattung des Buches ist vorzüglich und macht dem Trübnerschen Verlag alle Ehre; die Karten sind zum Teil sogar besser als die des Originals, weil sie korrekter in den Konturen sind; die allzu skrupulöse Umrechnung der Fahrenheit- in Celsiusgrade, wie wir sie auf den Isothermenkarten finden, wird sich späterhin leicht bequemer einrichten lassen.

Georg Gerland
in der Deutschen Litteraturzeitung 1881, Nr. 23.